U0173578

微言
WILLSENSE

园境

明代五十佳境

王丽方 著

上海三联书店

目 录

序言

我们现今能够观察体验的中国古典园林，只有清代遗存的园林。因此，多数人对中国古典园林的印象，都停留在清代园林的样子。这局限了人们对中国古典园林的了解。

对中国古代园林的学术研究，由于实物素材的局限，必然也会影响到观点和结论。这也限制了人们对中国古代丰富多样的园林设计特征和设计思想的认识。

明代园林成就璀璨，在山川大地营造的园林曾经生机勃勃，却又很快消逝于历史的风烟之中，如今我们难以窥见其真容。所幸的是，古代文人认真而动情地用文字记写了很多园林。园虽逝去，文章留存。

作为建筑师，明代园记中那些独特优美的园境和富有魅力的设计深深触动我心。本书的研究首次将一大批明代优秀园境的场景样貌集中地“再现”出来，就像我们进入明代“园记”的山野中挖掘、采撷一番，捧出各种奇花异果，供大家鉴赏。

对明代的园境案例，本书进行了比较系统深入地建筑学讨论，用新的视角对案例展开独特的设计分析，希望能打开新的研究和认识之门。

《园境》系列共有三本。

第一本是《园境：明代五十佳境》。从明代园记看，有些园林整体上虽然一般，但园内有一两处园境独特而优秀。第一本书中这样的园境案例共有五十处，涉及的园林有二十三座。

第二本是《园境：明代十一佳园》。有少数园林出类拔萃，它们不仅拥有多处优秀的园境，而且全园整体布局也很优秀，颇具特色，设计手法可圈可点。有的园大而复杂，有的园小而独特。

第二本书中，这样的园林共有十一座。

第三本是《园境：明代四大胜园》。明代有四座园林成就最独特卓越，它们不仅佳境频出，而且其设计营造处处闪耀着园林艺术的璀璨光辉。园的规模有大有小，代表明代园林设计的最高成就。我们对这四座园林的研究结合了明代园林理论和历史的研究，分析与讨论更加深入。第三本书在呈现这四座园林样貌的同时，也伴有较多的论述内容。

本书虽是设计研究领域的专业著作，但书中的大量篇幅是关于园林案例的描述、园林场景的呈现。每一个园林都有园的故事，其中带有一些趣事。阅读这部分内容，轻快如游园，读者无分专业。

除了园境案例，书中还穿插了与园林设计相关的一些论述专题，例如“中国园林为什么有山？”这些分析讨论，与专业读者分享。

明代园境研究是作者“自然建筑学”研究的构成部分。

自然建筑学是一种独特的建筑学方向，它来自作者团队对中国古代与景观相关诗文的长期研究。自然建筑学观察自然（包括地、天的景观条件与变化）、建筑（人在地上的营造）和人生（人在自然美景环境中的行为、感受和思考）三者之间的关系。从这个视角去看中国传统建筑艺术，甚至去审视西方或其他文化下的建筑艺术，都可得出颇有价值的研究新成果。

在中国传统建筑中，以欣赏自然为目标的营造非常发达。这类营造，源于古人对自然的喜爱。以赏景为目标的营造与古代诗文绘画的发展密不可分，主要表现为三个方面：一是它促进了古人对自然的欣赏体验，从而也丰富了古代诗文与绘画的艺术内涵；二是它不断得到诗文与绘画的艺术反哺，从诗文中获得触动和想象，构成多样的园境；三是这些优秀的园境被诗文绘画记载而留存和传播。唐代王维在蓝田山林中营造辋川别业，写成组诗，配以组画。陈植先生说：“摩诘诗中有画又有园，画中有诗又有园。”应可再加上：“园中有诗又有画。”明代苏州拙政园，也有文徵明的园记组图和配诗。用画、用诗来写园，会更写意、更韵味深长。而园，则用营造，一再去追随那飘逸的诗情画意。景观营造的艺术在中华文化发展中生长，并在中国文化中长期而广泛地发挥作用。中国古代建筑在这个方向上的成就，是自然建筑学研究的沃土。

我国老一辈学者很早就开始对历代园记集辑校注，其意也在了解、探究中国古典园林深远的源流与发展。从20世纪改革开放始，研究成果得以陆续出版。2005年，同济大学出版社出版了国家“十五”规划重点图书《中国历代园林图文精选》五辑。本研究于2007年开始，所使用的最重要的参考文献就是其中的第三辑（明代部分）、陈植先生的《园冶注释》和陈从周先生的《园综》等著作。

对于研究，园林实体是客观材料，园记文字是主观材料。对客观材料的研究，前人已有多方面的研究成果。对主观材料的研究，在设计这个重要方面一直还难于深入。古人遗留下来的主观材料对现今的设计有参考价值吗？园境设计直接面对物质形态的营造，它是非常客观的。但设计营造的目标是让人产生美感，它与房屋道路等功能性设施的营造目标是不同的。因此，好的园境设计必须处处有主观想象力的美感指引。环境设施是物质的，而构思和效果这一头一尾却都是主观的，因此整个链条就应该是：主观—客观—主观。古代优秀的园记中既包含了不少具体景象的描述，也穿插着与之对应的效果感受评价和思想，因而园记极有价值。

对于明代的园林史，人们评价很高。但是我们对优秀园林个案的了解却又显得太少。在设计艺术方面，比较系统的研究成果更少，既不足以呈现出明代园林丰富而卓越的样貌以供人欣赏品鉴，更无法让人进一步思考、分析明代园林的创作，并从中获得具体的设计和理论启发。

本研究的目标即指向此：选择一批优秀的园记作为案例，其一，用现代文字和画面尽可能正确地呈现它们的样貌、场景，使之易于了解和欣赏；其二，对这些园林案例的设计营造与效果进行关联分析，使之易于学习；其三，进一步认识明代的造园经验、思想，并从中得到启迪。

从古文到园林样貌场景的呈现，这一方法我称之为“重构”。重构将古代文字信息转化为直观画面，其中不仅有平面的布局内容，还有一些剖面示意以及远近透视场景的内容。

绝大多数明代园林都不具备复原研究的条件。重构可以避开复原的严苛标准，直取园记中最为生动丰富的场景。当然，重构也有其依据和逻辑性。紧扣原文，发挥想象，专业推敲，笔与心随，这是要点。重构是在反复研读原文，大胆畅想场景之后，推敲营建的可能性，然后再大量勾画草图的过程。久而久之，园境的场景在心中越来越清晰、准确。画出来的，是这样研究思考后的意象图。

将古代文字转为画面好像跨过一条大河。我们对明代园林样貌的认识和想象有了图画这个落脚点，由此可以从抽象的、模糊不定的了解进入具象的、场景比较清晰稳定的理解和思维。像鸟的迁徙，在此处落脚休息之后，便可以向更远处“翱翔”。

我们的“翱翔”就是建筑学的分析，所用的方法是“形—势分析”。

所谓“形”，是指园境中所有物质部分的形态，包括原有的自然条件和设计营造的要点。所谓“势”，指的是由“形”而引导出来的人所感知到的景观效果。园境包含园林某一空间的形以及人对它的美好感受，其中有物有我。“分析”是把园境营造的手段与它所达成的景观效果建立起关系，以此帮助我们学习明代园境创作的经验。

对于明代园境，除了一般性的欣赏之外，更需要对其进行建筑学方面的剖析和总结。这是园境研究的重要目标。

明代园林没有现存的实物，不过，园记中的文字也能给予我们一种独特的补偿：文中有大量关于各处园境的效果描写，精准而传神，流露出游者的感受，写出了园林的“势”。古代有一些文人，不仅文学水平高，而且独具一种艺术天赋：对景象、空间美境有着独特而敏锐的感受能力。他们在恰当的天时光影中，被所处的园林景象触动，又将这种捕捉到的感动提炼成生动的文字记录下来。这些关于势的描写就是优秀园记中独特而宝贵的内容，这一类重要的主观信息，通过直接研究实物园林反而很难捕获。

对于今天的设计者而言，可以直接借鉴明代园林具体的“形”。但是，如果能领悟园境的“势”，体会设计上“用形”与效果上“得势”的因果关系，那就可能在设计中，从“势”出发去引导“形”的创作。先确定“势”，再想象、组织、推敲、考究“形”的设计，能创造既新颖独特又意蕴悠长的园境，有时候还能得到出乎意料的好设计。这是更为自由的创作，这样的创作可以达到更高的设计目标，其过程十分诱人。

周维权先生在《中国古典园林史》中，将两宋到明末清初这段时期归为中国古典园林成熟前期，将清中叶到清末归为中国古典园林成熟后期。他认为成熟前期“园林的发展由盛年期而升华为富于创造进取精神的完全成熟的境地”。而成熟后期，一方面表现了最高成就，另一方面“逐渐流于繁琐、僵化，已多少丧失前一时期积极、创新精神”。本书作者非常赞同周维权先生的观点。

本书对明代园境的研究只是一个基础性工作，鉴于作者能力所限，其中的错误和不足在所难免。期待后来的研究者展开更多、更好的研究。

二〇二二年十月于北京清华园

专题一 | 中国园林为什么有山?

中国园林为什么有山?

中国人觉得理所当然:园林不就是要模仿自然山水吗?现存的中国古典园林,有山有水,加上亭台楼阁、树木花草,这就是我们熟知的中国园林样貌。

其实,用花、树、水面、装饰,就能构建很美的园林。其他国家造园,无山也行,有山也可。

中国也有些园林没有做山。例如明代进士陈玉辉《适适斋记》就记载了他的小园:“室大于斗,余地并辟为圃,遍植花果。……明窗净几,焚香端坐……花卉敷荣。”自己居住自己欣赏,窗前静坐读书。虽然园子太小,园内也无山,可是园在城外“半村半郭之地”,周边可以“览溪山之环映,松竹之萧森”,园外有山也很好。

中国园林将山作为园境的重点,这与其他文明的园林差异显著。

造园要在园林之内做山,相对于种植花草

明 戴进《溪堂诗思图》

树木而言，远为辛苦。山可以是堆土而成的土山，需要通过大量的劳动将土山堆成，例如清代的圆明园就有大量的土山，是开挖水面的同时用土堆积而成的。但是，土山还不能令造园者满意，他们更倾向于叠石山。而叠石为山，是更加艰难的。叠山用的石材，备料的过程会遇到重重阻碍。沉重的石材来源于崇山峻岭或湖海深处。当时完全靠人力将石材挖出、搬运。一旦保护不当，石材就可能破损。好看的石材叫花石，能够高价售卖。于是，有漫山遍野搜寻花石的人，有为了寻找买家到处交友传递信息的人，有召集人工挖掘搬运的人。花石交易的存在，足以说明园林用石头叠山具有量大而广泛的需求。宋代皇帝想要造一座其大无比的人造园林——艮岳。艮岳需要用其多无比的好石头在园中造大山。因此，花石备料这件事就牵动了全国上下，出现了史上有名的花石纲。园中叠石造山，在石材运送到现场后，又将面临下一个难题，如何把这些石头叠架形成一座牢固而有气势的假山。这就需要专业的叠山师

明 倪瑛《归庵图》

的设计和工艺技巧。

总之，园林造山是一件无比艰难的事。然而这件事经历了千百年，中国人都没有放弃，还愈发痴迷。中国园林模仿自然山水，这事听起来优雅，但是实际造山操作却十分困难。

中国历来的造园，一定要有山，园林造山一定要有它的独到之处。我们赏析古代的园林，不得不追问一下，中国古人为什么要在园林里做山？

一、从中国园林的源头说起

人类的园林传统流传最长久、成就最高的有三种，中国园林传统是其一。同中国园林并称的其他两种园林，一种是欧洲古典园林，一种是伊斯兰园林。

中国园林的发端是在大山之中，所以山林是中国园林的基本特质。后来，园林发展到城市附近的平地，虽然没有山林的地势，但是人们依旧追仿山林的境。从实体的仿山到用特征来仿山，在平地园，仍然保持了很多山林园的重要特征。欧洲古典园林，是植物茂盛点缀雕

塑泉水的宅前花园，而伊斯兰园林可以说是精致的泉水园。

从规模的变化来看，中国园林从山林当中规模巨大到后来演化出许多小园子，经历了从大到小的演变。欧洲园林则从有限的小规模，发展出比较大规模的园。而伊斯兰园林格局整齐、装饰精致，运用于宫廷或者住宅的中间庭院，规模还没有出现跳跃性的变化。

现代英文流行于世，在语言的翻译转换过程中，中国园林就用了“Garden”这个词，与欧洲的园林相对应。这个词是花园，并没有山园的意思。我们如果从中国园林发端于大山，而且一直保有山林园的特征这一点来看，也许将来要替中国园林造一个单独的英文单词，来传达本源的“山林”的意思。

二、用山的目的

在中国园林中，山是不可缺少的元素。我们先不谈中国古人为什么在山里建造园林，这牵涉到更大范围的研究和体会。从明代的园记来看，园林用山有三个目的：一是“观”，即看山；二是“游”，即游山；三是“居”，居

元 《青山画阁图》

住在山里。

(一)用山以观

观山，就是看山。中国的古人，很喜欢看山，看得很用心，看得很有趣。他们对山的样貌的认识逐渐细致，形成了观山的三个层次：第一层是看它的形，第二层是看它的态，第三层是看它的势。

观山之形，主要是对山的象形进行联想与想象，并以此命名山。通俗来讲，即把山形看成像什么东西，例如玉屏山、钟山、莲花峰、笔架峰、大王峰、玉女峰、香炉峰、龟山、蛇山等。所以山的象形是可以赏玩的一种趣味，古人看山之形，特别喜欢将山比喻成一种不是山的象形，这种象形在民间百姓中易于广泛流传。古代文人也乐于赏玩山形，将山的名字起得更加雅致有味。比如青城山、峨眉山、九华山、天台山等。这是观山之形所看重的，这种风气千百年长盛不衰。

观山之态，是把山看成有一种动态，类似于人或者动物的运动态，比如说山的逶迤，蜿蜒像蛇形，耸拔、舞动或者奔跑，这都是一种动态，或者还有一些姿态，例如婀娜、秀丽、妩媚，都是通过各种动态、姿态来描述山形。除了像什么形以外还具有什么样的态，“态”是比较抽象的，而且带有很强的主观性和情感的附着，可以说是一种写意的描述。它比简单的看形要高出一筹。

明代进士王鏊，在太湖中一个岛上有一座园子，他在那里看太湖之上的群山有感：“起伏逦迤，有若巨象奔逸”，又有双峰突起，像一个大的盖子，后边又蜿蜒像长蛇，在水里消失，然后又有山像屏障列在最前头。看山的形和看山的动态连续出现。

用象形的眼光看山，用姿态的动态比喻来看山，观山就有了很多比赋和想象的内容。明代文人贝琼在《翠屏轩记》中对于像屏风一样的山峰做了仔细的品评：“山之类屏者非一，若二华之在关右，罗浮九嶷之在湖外，赤城、天姥、四明、雁荡之在海隅，连峰沓嶂，上接霄汉……惟九江匡庐，则有屏风九叠……或断或连，或起或伏，有上锐如剑戟之列者，有突怒如蛟龙屈盘者，有效奇献秀如青莲万朵、凤飞而兽舞者……惟屏风九叠，出于千岩万壑间，

与香炉五老相参，其曲折之状可想已。”这样的观山，几乎成了拟人拟动物的大世界，山的描述形、态、神具备。

观山之势，是第三种观。一座山看起来很动人，但是用象形和动态还描述不出来，这样的山，中国人采用了“势”来描述，同时也强调了物理的形状。比如说险峻、陡峭、雄浑、巍峨、灵秀、平缓、郁然，这些都是势。势不仅是一种物理描述，更带有相当的主观和情感。这种主观情感的“势”，比“态”更加抽象，它是人在观山时感受到的气势、气质、神韵。虽然抽象，但是对山的特征概括很精准、很传神。一些山的名字就用了势，比如泰山、琅琊山、昆仑山、太行山、武当山、衡山，等等。由此我们就知道了中国人怎么看山。于是，他们在自己的平地园林里造山也会用这些价值去指导，怎么去造一个山的形、态、势。

（二）用山以游

第二个用山的目的是“游”。游山是进入山之内，游山是“游”加上“观”，是运动中的观，有各种赏心悦目。游山有两个特别的乐

宋 李唐《清溪渔隐图》

事：一个是探山，一个是登高。

探山，主要探四个方面：第一探山之幽深，第二探山之险峻，第三探山之奇诡，第四探山之神秘。幽深、险峻、奇诡、神秘这几种重要的势，在游山之中最能体会。清代的《白云别墅记》记有："壁间诸石，尤奇诡殊状，或峥嵘如怒，猊如伏虎，或侧理横斜如縠纹，或峻削如锯开斧凿，或片片轻脆如解箨，或层累如重楼叠阁，其色或黝黑如墨，或如紫端，或赤黄如霞光倒映。"园记里说，在这个山里，各种石头尤其奇诡、狰狞，像伏虎，像发怒的野兽，它的纹理、它的峻峭，如用斧子劈开、锯开一般，一片片的又像是很轻薄的笋片，或一层一层如重楼累阁；颜色或者黑得像墨一样，或者像紫色，或者赤黄如霞光。在山里看这些细节，然后游山谷，各种可欣赏的景象都很吸引人。山的形体是变化无穷的，人在山中可以看到峡谷、山涧、深壑、洞穴。山中还有溪、潭、瀑布。山中的植物苍翠，奇花盛开。进入山内去观赏，景象非常丰富。游山是人们喜爱山的一个很重要的方面。

第二个特别吸引人的乐事就是登高。登上

明 沈周《苍崖高话图》

山顶，身处高位，空间极其开旷，可以远望，可以俯瞰，心神爽朗。明代冯梦祯在《结庐孤山记》中提到，在杭州西湖的孤山山顶上看，群山西来，层层环绕，就像千百个美女，东南“江外诸峰与雉堞掩映相补，足称湖山最胜处”。明代的《蕺山文园记》记载：“登绝顶，有亭兀立，罡风萧飕，群峰远近，若起若伏。东望大海，烟涛浮空，万里无际。下视城郭人家，棋列星布……平湖曼衍，菱舟蚁簇，讴声相答，乍断乍续。”日月朝晖，气象万千。这是在高处可以看到的。高处看景比平时在平地看景，视野更加广阔，景象变化万千，而且心旷神怡，境界显著不同。

在城市园林的小园中，人们希望叠一个小山，虽然可能只有四五米的高度，但是登上去俯瞰全景，也是造园人的共好。所以登山远眺是用山的很重要的目的之一，即使园子很小，也要叠山，很小的山也可游，要深入山中去探山，要可以登上去。即使城市小园，堆叠小山，造山的原则，也要能游能登。明代的淳朴园位

南宋 夏圭《雪堂客话图》

于浙江省海宁县，是沈祏的别业。沈祏《自记淳朴园状》记其数亩小园中的山："缘阑而行，若起若伏，有山蔚然，空翠耀目……环山引水，自石罅间流转作九曲状，清莹可贵……泉上布石通行，曰'度鹤矼'。去矼不数步，峰峦四合，路转石回，得石洞……洞侧小径……径再曲抵石梯，曰'穿云磴'。磴穷处为'荡胸台'，回临水口，一目无际。"不大的石山，有路径起伏，有山势空翠，有环山引水。有水流从石缝中流出，又有踏石跨水；进入山峰围绕的山谷，又有转回入石洞，有石梯向上攀爬，又有登顶后的一望无际。很小的园也要叠山，很小的山也要可游可登。

（三）用山以居

第三个用山的目的是山居。山居可以说是中国文人对于居住的理想。似乎最美好的居住理想就是山居。南朝山水诗人谢灵运著有长篇《山居赋》，讴歌了山居的种种美好，对后世文人影响很大。山居，建筑可以简朴一点，精雅

元 黄公望《富春山居图》（局部）

一点，这些都不重要，重要的是人的起居行止都要融在山的美境当中，一举一动都带着美的愉悦。山居可以独享这种与世隔绝的超然和大山的幽静，生活在大自然的生生不息的丰美与变化之中。

有一段园记，是明代王世贞去拜访退隐的官员赵汝迈，之后记了一篇《灵洞山房记》。赵汝迈在浙江的兰溪灵洞山里有一座山居，他种了一些菜，用泉水煮茶、酿酒、浇田，种植各种花卉和蔬菜。室内窗明几净，他焚香、静坐、读书、吟诗、写字，有兴致就到泉石之间，听听鸟叫。在山居困倦了，就在榻上摊开席子躺卧，窗外的山光映满床榻，云气好像要飘浮到衣服边。山中的夜里，一灯孤寂，非常安静的夜间，只有泠泠的泉声，可独自享受。如果有客人来访，大家衣帽适意，不用穿得很正式，酒和茶都来自泉水，果蔬都是从菜圃里摘下；要住下，有小阁，要离去，就在亭上相送。

另外，祁彪佳的《寓山注》说，在山中有一座轩，轩窗大开，远山和近邻就像是在窗下，雨后苍翠直侵入室内的桌椅、帐幕当中。园主人和一位老僧人打坐，听见山下寺院中念佛的

明 夏葵《雪夜访戴图》

声音、风吹动屋角风铃的声音，心中一片宁静。在山居之中，人的行为就融在山的美景当中。

人在山居，除了住宿吃饭，更多的就是读书、作诗、抚琴、作画、念佛、修行、下棋、会友，这是理想的山居。在城市做园林，其实就是想做成一个山居。山虽然很小，堆一个小的石山，但是建筑也力求有一种山居的效果。轩、宅、堂、榭，或者依在叠山的一边，或者用叠石环围，加以花树掩映、水面萦绕，模仿在山的境界。

所以对中国文人来说，山居真是一种居住的理想。用山以居是园林的主要情怀，园林就是为了求得山居，山也就成为造园的一个重点。

三、爱山的情怀与爱山的结晶

喜爱山，不仅影响了造园。中国古人没事就喜欢去体验山，他们体验得这么深细。在文人中，游山成为永恒的时尚。他们的艺术感受敏锐，文字水平又高，对游山的丰富体验进行了准确的描述。其中有很多体会就成了古代的文字或者词汇。我们无法做一个权威的统计，但是感觉上，中国文字中描写山的字和词，种

类极其多，应该远远超过其他文字的描绘。一旦有了这么多关于山的词汇，游观山水的感受就可以进入文明中流传。更多的人就可以运用这些词语概念去思考、成长，触发进一步的感受，热爱山水的文明就能够一代一代相传。那些最敏锐的艺术感受通过文字不断地积淀，现在我们依旧能接收到来自古代的那些感受。比如说宋代欧阳修的《醉翁亭记》，虽然跨越千百年，但如今我们诵读起来，山里的样貌，山里的情态、气韵、光影、声音，依旧十分生动。相信每一个人第一次读它，都会被触动，被山川美感浸润。

因为古人热爱山川，这在中国的文明发展史上产生的结果至少有如下几点。其一，在文学领域，产生了古典诗词这样的文化结晶。中国的古典诗词擅长以写景来写情，比如写花落，李白的“落花盈我衣”，林黛玉的葬花词，都传达了深切的悲凉情感。以景抒情，成为中国古代诗词的特征。其二，在美术领域，结出了山水画这样的硕果。山水画是中国绘画最为发达的一个分支，水平很高，成为国画乃至整个美术领域的代表。其三，中国的园林，也是由

元 赵原《陆羽烹茶图》

于古人对山水自然的热爱，才孕育出了非凡的成就。

四、对设计的启发

所以，“山”在中国的造园中是宝贝。

除了观山、游山以及山居的理想，在设计上，用山为中国园林带来了更多优势，园境意趣可以借山来达成。

第一，布局全园，以山作为基本骨架。园境的形成、区分、转换、曲折、穿插连接，用山可以很自如地实现，所以叠山师傅，往往是总控造园的师傅。第二，园林的空间获得了明显的高下俯仰之势，高和低与起起伏伏形成了不同的境，丰富了园林空间带给人的感受。除此之外，园林中有山，就有一种气势存在。但是，园林造山毕竟同真山还是不能相比的，广阔的空间，雄秀的气势和不息的变化属于真正的山林。

下面选明代十四个山境营造案例为佳境介绍之始。

循堂左而東，沿『小庵畫溪』，一石坊限之，扁曰『始有』，其右坊，扁曰『踓設』，稱『踓設』者，以阻水故。度『始有』門，則左溪而右池。循池而西，其蔭皆竹，藩之，曰『瓊瑶塢』。……更西，得小平橋，名之曰『小有』，取别入山道也。自是復折而北，溝十步一曲，黄石爲砌，清流彎環可鑒……道左既梅塢，而竹所不能藩者，旁出侵道……又敞，則爲一亭，前阻溪水……隔岸始得『西弇山』，怪石奇樹，高下起伏……復折而東數十武，則徑之事窮，得『萃勝橋』。……橋以石，頗壯麗，其下則諸溪之水皆會焉……度橋，始入山路，一石卧道如虎，南北皆嶺，南卑而北雄。……一峰獨尊……其首類獅，微俯，又曰『伏獅』。……路折而北，得一灘，群石怒起，最雄怪……總而名之曰『突星瀨』。瀨之右皆嶺……一石屏，色若玉，曰『白玉屏』。瀨之源，爲『蜿蜒澗』。

——王世貞《弇山園記》

园境 · 明代五十佳境 · 第一境

弇山园 | 入山路

弇山园故事

明代园林叠山，从弇山园开始讲起。

弇山园位于江苏省苏州府的太仓城，原址在城内西偏南，选址在隆福寺西，周边有小河池塘、田地村落，环境清雅。古代的城市，在城墙之内往往还有不少空地和农田，还有类似于村庄的小聚落，或是在农田中散落的人家，弇山园就位于这样一个环境中。园子经过多期扩建，面积共约70亩，规模是私家园林中相当大的。

园中总体的山水格局是两座大池，一南一北，南面叫天镜潭，北面叫广心池。广心池更大。三座山从西偏南到东偏北排列，分别叫西弇山、中弇山、东弇山。三山之间有两条峡谷，涧水连接南北两池。

王世贞的弇山园，我们把它列为明代的十一佳园之一。

弇山园有三点可贵之处，可作为明代园林叠山的代表。

第一，为叠山收集了大量的好石头。王世贞家族世代显贵，又喜好园林。元代以后，王氏家族来到江南。至少从王世贞的祖父就已经开始造园，后来他的伯父又精心造园，家族收集到很多好的花石。王世贞伯父的园林败落后，花石外流。不久王世贞为官返乡开始造园，他多方设法寻找失去的石头，出高价又将流散在外的花石尽可能地购置回来。收集回来的石头，他就用在自己的弇山园叠山之中。所以弇山园的用石，水平应该是相当高的。其中有各种奇石，而且石材的品种很多，比如他伯父的园林用矾石叠雪山，很少有。

第二，弇山园的建造，请了当时两位优秀的叠山师。张南阳在前，吴姓山师在后。张南阳叠山，不仅手法高明，而且很善于宣传经营。张南阳是明代留名到今天的个别山师之一。吴姓山师，只见王世贞有记载，后世无人知道他是谁。但是，既然王世贞能请他，说明在当时，吴姓山师的水平也受到高度评价。据王世贞园记中的评价，二人各有千秋，胜负难分。他说张南阳的优胜之处在会用石头，会叠石山。能尽人工之巧妙。他完成了中弇山和西弇山。吴姓山师完成了东弇山。与张南阳的中、西两山大大不同，东弇山面积很大，而用石不到中弇山的20%。（我们猜想，园林建造到最后，土地虽然又扩充了，但是家中积累下来的好石头已经所剩无几。再猜想，张南阳可能已经不能用这些他挑剩下的石头再创作出什么惊人之作了。）吴姓山师所叠的东弇山，只用了剩下的一点石头，可是东弇山中营造出的美景比张南阳的两座山多五倍，在东弇山中常常能见绝妙的天然之趣。

第三，王世贞的《弇山园记》有八篇之多，近八千字，是明代园记中记述平地建造的园林最长的园记，很可能也是中国古代私家园林中，有关单一平地园林最长的园记。

明代还有两篇很长的园记，一篇是祁彪佳的《寓山注》，另一篇是邹迪光的《愚公谷乘》。和《弇山园记》一样的是，三篇园记都是记述园主自己的园，都是大园。不同的是，只有弇山园是平地造园，另两篇都在自然山中。所以弇山园的山，完全是人工山。

《弇山园记》的记述方式，又具体又生动，有形有势，有来由、有生活、有感想，对弇山园山中的种种样貌有精准传神的描述。

王世贞独领明代文坛近二十年，文字功力深厚，记写园林又是其作文的一大特色方向，对园林的描述成就斐然。王世贞的园记，作为文学遗存，水平也是很高的。所以，弇山园的叠山有王世贞万字园记的记载，不可多得。

明代的园林叠山，还有更高明、更美妙的园境。但是综合了上述优点的，只有弇山园。欣赏明代叠山的案例，要从弇山园开始。明代十四个山境营造案例，从弇山园选了八境，从其他园选了六境，穿插集成。

以下我们将依次欣赏和分析的叠山之境有最西边进入西弇山的入山路、西弇山的峡谷、西弇山高处的山顶、西弇山的山洞、东弇山的山顶和水边以及东弇山和中弇山之间的峡谷，一共八个园境。

入山路

弇山园入山路的设计十分巧妙，从弇山堂堂后池出发到西弇山中，入山路可以分为六段。

沿堂后池东侧向北，是第一段。那里有一座石牌坊，坊有两门，一门题匾“始有”，一门题匾“虽设”。穿过“始有”牌坊，路西沿着池塘，路东是一条略宽的溪水，溪上风景如画，此溪名为“小庵画溪”。

向西折是第二段。小路南面临池，北面沿着山坡。山边竹林茂盛，用竹篱笆将竹林隔开，小山竹林的阴凉伴随着小路向西。山坡上篱笆内种植着红白梅花和四色桃花百余株，坡叫“琼瑶坞”。琼为红色，瑶为白色。

再折向北是第三段。过小平桥，桥叫“小有”。西边连通了一条渠水，渠水弯折可观，周边是木芙蓉花，立石“芙蓉渚”。渠水的东边是小路，小路的东边是山坡和梅林，梅林特别茂密，所以用竹篱笆阻隔梅林，好让小路能通过。但梅的枝干把竹篱笆顶破，树冠穿篱而出，时时侵入到小路上来。渠水对岸也是梅林，小路跟着渠水，穿过两边的梅林。人在这条路上行走，向前方看，梅树的枝条遮挡视线。走近，侧边流淌的渠水穿梅林而过，人则需要拨开梅树的枝条才能前进。一渠一路穿过这个植物霸道的密集环境。冬春红白梅花开放，小路清香满溢。这条小路叫“香雪径”。

渠水的尽头，是第四段的开始。一座亭子立在渠水尽头。渠水绕过亭子，弯向北边，形成溪水。亭子的位置低，接近水面。从亭子里回望，能看见渠水从梅林树冠下穿过。从亭子向北望，西弇山就在眼前。西弇山是弇山园中最大的叠石山。从亭中看，西弇山虽然近，但是还隔着溪水。雄伟的山体，奇石异峰，山上种种的样貌，都看得一清二楚。这个亭子名叫“饱山亭”，意思是能够饱览山色。

出了饱山亭，路沿着溪水向东行，有一座高桥，名为“萃胜桥”。高桥跨过溪水向北，通往西弇山，这是平地到山之间的转折点。在高桥上，可以看出山外，视野一下变得开阔。向东望，是弇山园的大水面“天镜潭”，向北望，可见西弇山和中弇山，还有远处的东弇山一线，能够领略园林山池的整体样貌。这桥是赏心悦目的观景点。

入山路的第四段以“饱山亭”观景点开始，以“萃胜桥”观景点结束。

下了桥进入西弇山是第五段。路在山脚下，却不临溪水。山路两侧都是山石，南侧较低矮，北侧是高山。山路所经有各式上好的花石，石头有的如老虎，有的像狮子，很险恶的样子。小路崎岖经过奇石怪树，颇为坎坷。

山路向北弯折是第六段，进入一个周边环山的环境。面前是一片水石滩，浅浅的清水从石头滩上流过去。一些漂亮的石头星罗棋布，从水下突出来。水流过滩，冲刷石头，可以听见流水的声音。水石滩叫“突星濑”。水是从山涧流出来的。从饱山亭看，它好像是一座山，绕到水滩前看，其实是两座紧靠在一起的山。山间有一条峡谷，中有涧水流出。入山的小路于是便延入山的峡谷。

这就是弇山园的入山路，它不是简单地从平地到爬坡，而是有很多山水的呈现。

园境重构分析

平面重构

从堂到山，最短的路径应该是沿东侧向北，直接过桥，但这里的入山路并非这样安排。入山路是一条迂回多变的路径，园林景观十分丰富，一路上出现了许多场景转换，迂回的道路能够突显入山路的深远，给人一种向郊野行走的感觉。

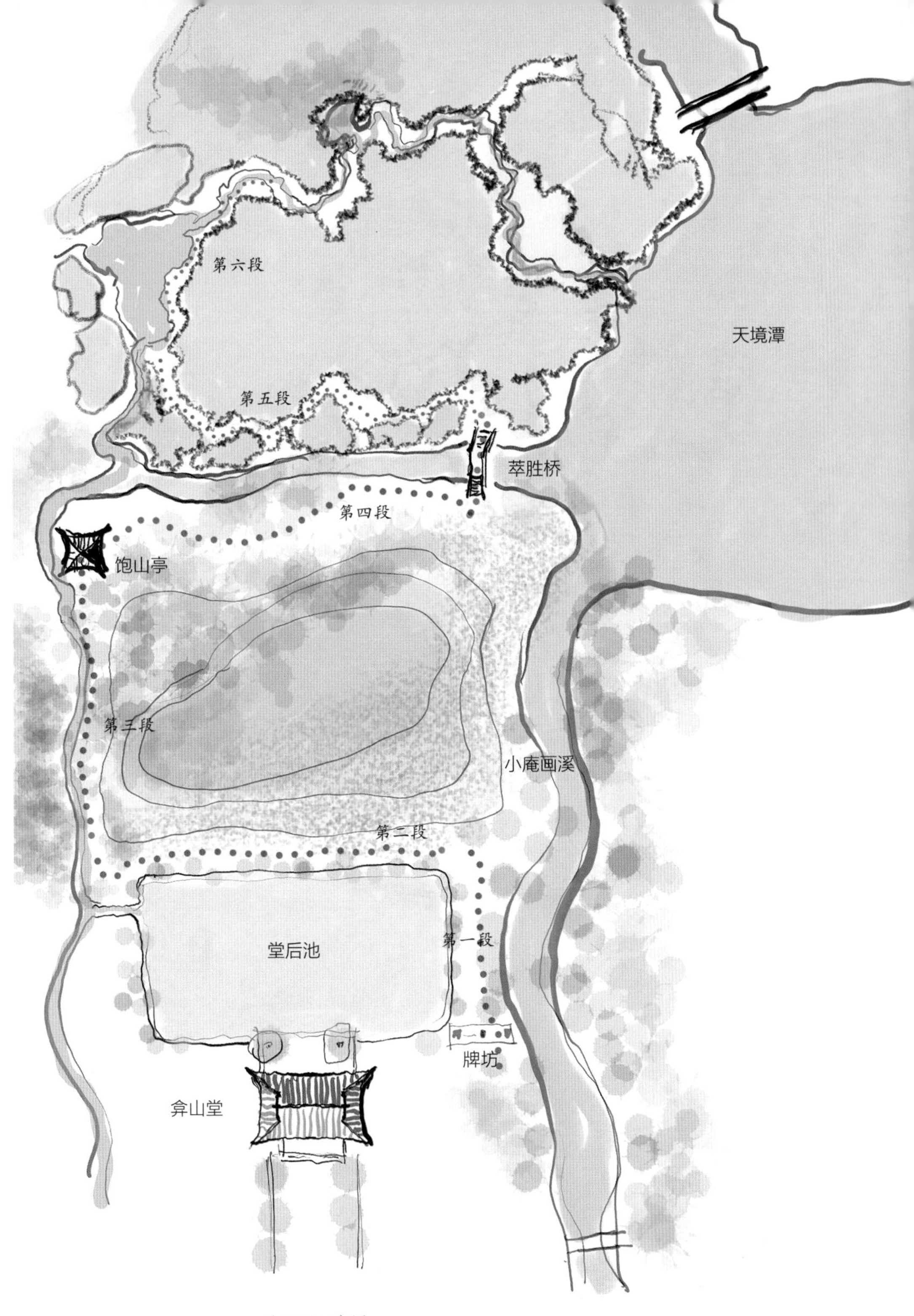

总平面示意图

第一段路过石牌坊，路西为池，路东为小庵画溪，路两旁种有植物。

第二段路，路南为池，路北为土坡和竹林，人能够隔着池塘享受宁静的气氛，也能看见南侧的弇山堂。

第三段路是临渠的小径，从梅林丛中穿过，围合紧密。

第四段路的端头是萃胜桥，桥东为宽阔的水面，桥西是小溪流夹在石山与土山之间，桥上可观赏园中开阔之景。

第五段路，进山后沿着山脚的小路，路两侧均为叠石山，道路崎岖。

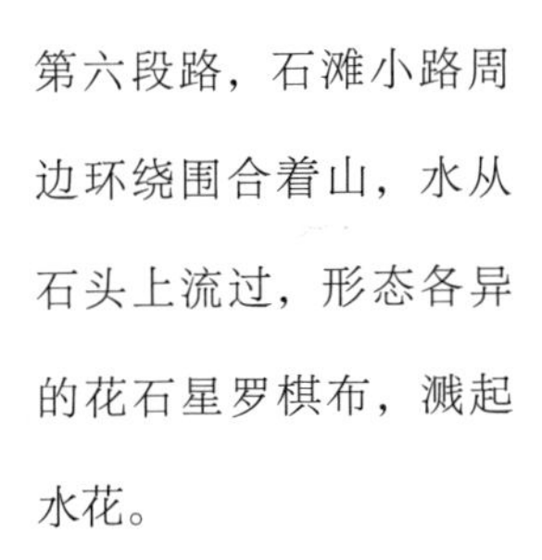

第六段路，石滩小路周边环绕围合着山，水从石头上流过，形态各异的花石星罗棋布，溅起水花。

形—势分析

势的要点： 渐深渐远，山意渐浓。

形的条件： 西弇山不大，从堂到山不远。

形的设计：

1. 多折、分段，分段造景。

   ○ 小路过石坊，池与长溪两面是水。[1]

   ○ 一面池，一面竹坡。[2]

   ○ 沿渠穿梅林。[3]

   ○ 一低亭观山，一高桥望水。[4]

   ○ 离水，进山，崎岖坎坷。[5]

   ○ 山中水滩，水从峡谷流出。[6]

[1]

[2]

[3]

[4]

[5]

[6]

2. 沿水进山。 水可以分成两种：平原水和山中水。

○ 平原水。从第一段到第四段，一直到上高桥以前，水都为平原的水。越走越野，最后见山。

○ 山中水。水石滩，进山之后遇到的是山中的水，水引向山峡深谷中。

水分段，同时，塑造各段小路不同的沿水景观特点，渐野、渐坡。设计将不远的距离做出了“悠远”的意味。

评

○ 入山段，实际还在平地的标高上，但似乎入山已深，达成了“幽深”的势。

○ 萃胜桥桥面高抬，暗示山势的开始，同时获得一个“大观”的位置，设计巧妙。

徑忽斷，兩石所不接者尺許，其下澗水湛湛，通『小龍湫』。……三方皆奇石，峿嶙而下，積水深窈，游客過之，駭謂若有物其中……湫之西南，一綫道，傴僂而上，可以闖『小雪嶺』。……得一巖，坐磐石其中，倦可息也，曰『息巖』。自是俯徑之峰，其拙者曰『似傲』，巧者曰『殘萼』、曰『碎衲』……其又坦上十步許，一茅亭踞之，故文博士壽承嘗爲予古隸『乾坤一草亭』……抵此則西原之野色盡矣。……

……復西，俯澗之石有曰『黑雲堆』者，有曰『千年菌』者……尋得一洞，入夷而出險……東南攀躡而上……自是大青石梁橫亘之，最雄麗，名之曰『青虹』。

——王世貞《弇山園記》

园境 · 明代五十佳境 · 第二境

弇山园 | 峡谷

峡谷

弇山园入山路的最后一段，在山的一侧路过水石滩。山环水石滩，对面有高陡的山崖。小路被水截断了，好像难以前行。踏石跨过这个断点，石路沿着水流就折进西弇山的峡谷山涧。

石山有一条深深的峡谷，一条涧水在峡谷中穿流，弯弯曲曲，大概有十几折，叫作“蜿蜒涧”。进了峡谷后，光线幽暗，周边都是奇石。向上看，上面好像看不见天，往下看是很清澈的涧水。沿着涧水向前，突然有一个很黑很深的地方，三面都是嶙峋的石崖，崖壁顶上有黑沉沉的石头覆盖在上面，下面有一个很深的水潭。游客路过这里，心中紧张害怕，觉得这个深潭里会不会有什么怪物，这深潭叫“小龙湫”。

小龙湫的旁边，黑暗的山石中裂开一条缝，叫“一线天”。从一线天缝里攀登上去，去到一个地方，叫“小雪岭”。小雪岭用白色的石头叠成，就好像山上终年有积雪。

在山峡中继续走，遇见一大块磐石，很平坦。这里峡谷稍微宽敞，可以坐在那磐石上休息。峡谷高处有数座奇峰俯瞰峡谷，有的像老僧，有的像恭敬的管家，有的像傲慢的官吏，有的像一朵残花，有的则像白云。

再往前走，曲折石路分出一岔，可沿着石台阶向上爬，石台阶叫“误游磴”。继续向纵深走，到尽头有一条石磴向上。沿向上的路爬升，有一小亭。转折再上，有一座茅草小亭子高高在上。这座茅草亭构架的样子很特别，而且很漂亮，园主请了文徵明的儿子文寿承题字，叫作“乾坤一草亭”。上去进入这个草亭回头向西，可以看见园外西边远处的田野。亭子就在小龙湫之上。沿小路向西，之前俯瞰峡谷的石峰就在小路两旁。小路可到小雪岭，汇进误游磴。再往西走，有一个山洞。这个洞进去时还显得平坦，但是洞里越来越狭窄，非常崎岖，甚至要手脚并用攀爬。出洞后再往东往北，直到土山上。有一条巨大的大青石，从峡谷上方跨过后到达石山。那石梁叫作“青虹”。

这就是弇山园的峡谷。

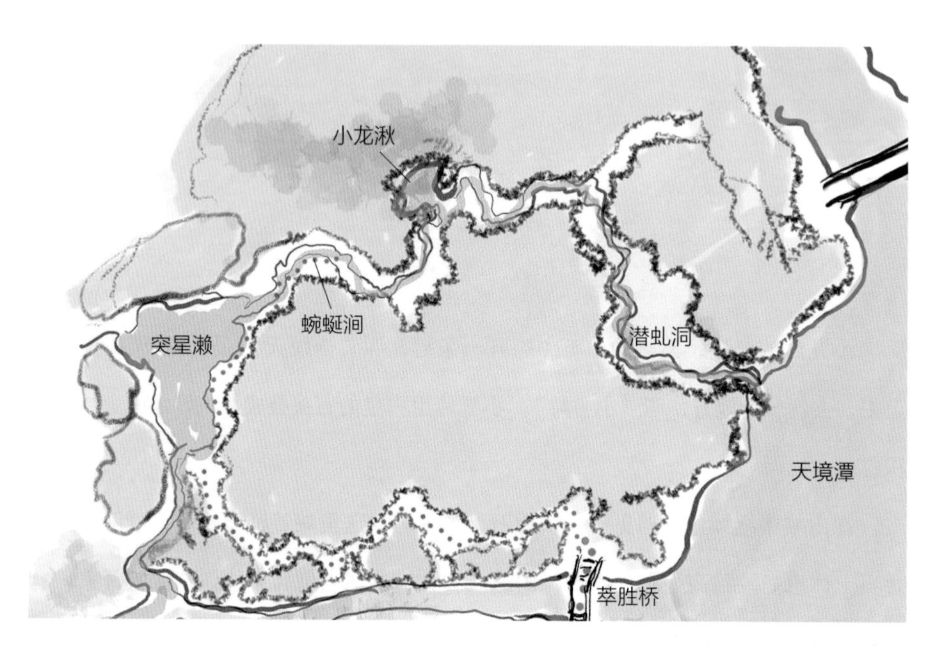

平面示意图

园境重构分析

平面重构

西弇山从外部看起来是一座大山，从平面上看实际是由石山、石壁和土山组成的。峡谷就在石山和石壁之间。这样做的好处是，能用比较少的石头，构架成看起来比较大的山体。不仅山分石土，石山中还做成大量的空隙石缝，嵌入了曲折高下的各种小岔路，犹如迷宫。人在峡谷低处沿涧水走，又攀登台阶，转折上到半山，再转折上到土山。跨过大石桥向南，最终登石山顶。峡谷小路和山体结合得极为复杂巧妙。

剖面示意图

剖面重构

从剖面上概要地看，山中间石壁的作用类似挡土墙，将石山与土山分隔。石壁与石山中间形成峡谷，可以创造出犹如一线天的石缝景象，也能在上方架桥，形成别致的景观。从峡谷里进去有很高的蹬道走到上方。土山上还能种植植物，增加山体的丰富度。虽然土山高度不能超过石壁挡土墙太多，但在种植树木后，高度就被增加了5米至8米，整个山体看起来比较丰满。石山局部也能放置土壤，种一些小植物。

剖面示意图

西弇山是土石结合的山。入山路从进入怪石嶙峋的路，到达水滩，再进入峡谷深处，人都是在地面高度行走。还没有开始登高，设计者已经把山的深幽和奇诡表现得非常到位。

[1]

[2]

[3]

形—势分析

势的要点： 山颇大，峡谷颇深，奇诡。

形的条件： 叠石山、土石山。

形的设计：

1. 分山。石少山大，石山加土山。[1]

2. 峡谷狭窄而高，增加深势。[2]

3. 峡谷光线幽暗，增加深和奇诡势。

4. 山路多曲折、多变化、多分岔，浓缩了真山峡谷的变化。[3]

5. 怪石。增加深和奇诡势。

6. 怪潭。增加深和奇诡势。

7. 怪洞收头。增加奇诡势。

循「青虹」復西而下，入洞，屋其上，則「縹緲樓」也。南壁皆巧石堆擁，絕類「飛來峰」。下有小懸崖，適得舊刻米元章所題布袋和尚像巖其中，名之曰「契此巖」……北則設連床，半出檐外，可以盡承北嶺之勝。予每春盡坐此，北風吹落花，滿巾幘，依依不忍去。右折梯木而上，忽眼境豁然，蓋「縹緲樓」之前廣除，向入山所得「簪雲」三峰，皆在焉。左錦川一峰森秀，真蜀錦也，名之曰「浣花」。……此樓是三弇最高處，毋論收一園鏡中。啓東户，則萬井鱗次，碧瓦雕甍，纖悉莫遁；啓西户，更上三級得臺，下木上石，環以朱欄。西望婁水如練，馬鞍山三十里而遥，木落自露；北望虞山百里而近，天日晴美，一抹弄碧，名之曰「大觀臺」……

——王世貞《弇山園記》

弇山园 | 契此岩 缥缈楼

契此岩 缥缈楼

从峡谷爬到山上，回过头来有一条大石梁，叫“青虹”，跨过峡谷往西来到石山高处。这里通往山高处的一个石洞，缥缈楼就建于石洞之上。

这石洞比较宽敞明亮，南面石壁都是巧用叠石架构的，灵巧得就像杭州灵隐寺的飞来峰。有一块石头大有来历，据说是唐代传下来的一座石雕，雕了一个布袋和尚。雕像上有唐代著名书法大家米芾的亲笔题字。王世贞收集到了这件古董，把它嵌在这个洞里的石壁上，用“契此岩”来命名这个洞。

特别之处在于这个洞北侧。北侧有一个比较大的开口，像一个大窗户。这个开口外是很深的悬崖，下面就是山的峡谷。沿着开口，设计者做了一条又宽又长的连床，就像一个类似飘窗的低窗台。连床又宽又平，可以坐着、靠着，也可以躺着。从这里看出去，弇山园北岭的一切美妙景色起起伏伏，尽收眼底。可以想象北岭朝向山洞连床的这一面，正好是向南的一面。洞中比较幽暗阴凉，山岭却明媚艳丽。人在洞中从连床看过去，北岭的各种花树都在阳光之中，格外漂亮。王世贞每年春天就坐在这里看着北岭山花烂漫，感受着拂面的春风，看着微风把对面北岭树上的花吹落下来，吹到洞内，落在自己的衣服上……这地方让他不忍离去。

这个洞的上面架构了一座小楼，叫"缥缈楼"。从洞里出去，沿着陡木梯上去，忽然眼前豁亮起来，来到山上一个小平台。这个平台高高的，是缥缈楼楼前的小平台。平台周边有很多漂亮的石峰，又有一些花木，最漂亮的一块锦川石，不仅高大，还像蜀锦一样纹理华丽。

从这里再往上，路径非常窄，上到缥缈楼。楼不大，但这个楼是弇山园三座山当中最高的地方。楼的四面开通，可俯瞰整个园子。因为这些山都在大的水池当中，所以向下看这个园好像是在镜子中，或者像在水晶当中。

再往东看，东面是太仓城，可以看见园外千百户人家的屋顶上鳞次栉比的青瓦，非常漂亮。从楼上看城内的房舍如近在咫尺。往北看，有一条长河，叫"娄水"，像一条缎带铺在大地上。秋冬时节，近前这些树木的叶子掉落，从此处向西望去，也能远远地看见西面30里之外昆山的马鞍山。天气晴朗的时候，连百里之外常熟的虞山，看起来也很近。若再有一抹晚霞，这景象真是少有的美好。

剖面示意图

园境重构分析

剖面重构

从剖面看，这个案例值得欣赏之处在于巧用叠山架楼。山叠到最高的地方，石头已经所剩无几，叠石的匠人通过巧妙的架空方式架石洞、架楼阁。如此，上面得一小楼，形成全园最高之处，那里视野明媚开阔，可以望尽百里山川；下面得一石洞，与北山相平，环境阴凉通透，另有雅趣。于是，便得到一组上下空间的组合。

再从组合看，北土山树木枝干覆盖在峡谷的上空，既能使峡谷幽暗，又能增加峡谷空间的高度。一举两得。南山石洞契此岩靠近而向北开口，北山花树与南山石洞再成绝配。南洞北望，生机勃勃。春风徐来，落花会飘到洞里。连床宽大舒适，洞的四周通透，孔洞缝隙多，春风穿洞，凉爽怡人。春夏之际，令人不舍离去。

形—势分析

[1]

[2]

势的要点： 楼：高爽，豁然。

洞：幽静，怡然。

形的条件： 石山顶。

[3]

形的设计：

1. 架空为洞，架高为楼。营造巧妙，一举两得。[1][2]

2. 楼高耸，成全园高点，造型佳，远眺宜。[3]

3. 洞空灵，与北山相应，有景有风，意境奇特而美。[4]

[4]

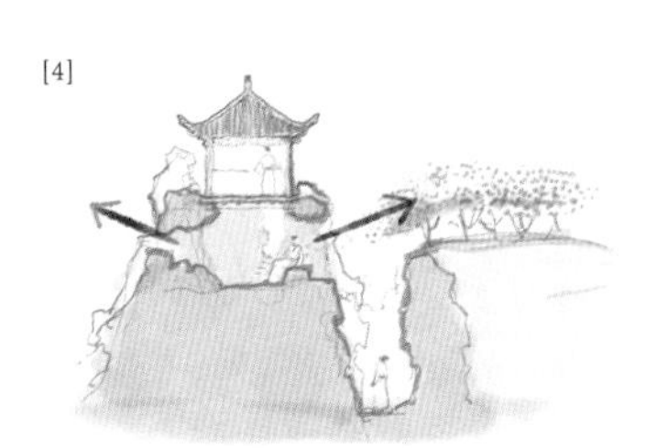

评

○ 楼上楼下意境的转换反差很大，两组不同的势相反相成。

○ 楼下石洞为本研究明代园记案例中仅见。

最南有亭曰『壺隱』。其三方皆梅，可二十樹。前叠石爲山，俯盎沼蓄朱魚其中，山之延袤僅可以丈計，而中有澗，有洞，有嶺，有梁，皆具體而微。碧梧數株，鬖鬖欲幹雲。

——王世貞《離薋園記》

园境 · 明代五十佳境 · 第五境

离薋园 | 壶隐

离薋园故事

离薋园位于明代苏州府太仓城内。太仓是王世贞的家乡，王世贞建造的弇山园十分出名，他自称“弇州山人”，并将自己的著作题为《弇州山人四部稿》。但是在建造那座园林之前，王世贞还造了这座小园。这是王世贞第一次造园，可以说是建造弇山园的前期热身。

王世贞自幼聪慧，读书过目不忘。16岁中举人，21岁考上进士，开始外出做官。王世贞34岁时，为官的父亲遭严嵩陷害被杀。王世贞辞官扶灵回到家乡太仓，在太仓居住了一段时间。他请示了老母亲，在城内住宅旁边购得一小片土地，建造了这座小园。

离蒉园规模虽小，却精巧可爱。壶隐是离蒉园中最有味道的一处园境。园建成之后，王世贞先后邀约文坛名士30多人，游园作诗，其中多数为苏州籍挚友，也包括早年任职刑部的同僚与“后七子”成员。王世贞将赠诗四十余首收拢，辑成两册，再请钱穀和尤求绘图，又请王穀祥、周天球篆额，并亲自撰写园记。这说明离蒉园初成时，王世贞相当得意，也很享受自己的这次造园成果。

但是后来发现，园子后墙外不远，是太仓州治的刑堂，有审讯拷打犯人的声响偶尔会传过来，大煞风景。因此没有几年，王世贞在隆福寺西面买地，开始建造弇山园，离蒉园也就被放弃了。

壶隐

离蒉园是一处很小的园林，形状是一个长条，南北长，东西比较窄。这个园子入口在它的中段，园的最南面有一座亭子叫作“壶隐”。

亭子三边环绕梅花树，有二十株梅花。二十株梅花差不多是一片梅林，环绕在亭子的东北西三面。亭子的南面是一处叠石山，这个叠石山非常小，大概只有三四米见方的一块地方。叠石山南侧是一个小池，名为“盎沼”。池水很干净，池中养了红色的鱼。这座石山虽然很小，但是山里头有山涧、有石洞，又有山岭，还有梁可以跨过去，它是那种很丰富灵巧的小石山。这座石山的外面周边，又有很高大的梧桐树。中国的梧桐又叫青桐，长得非常高，树干是青绿的，叶子也是又大又绿。这几株青桐树比这个石头山要高很多，树冠绿绿的在石山上边，投下绿色的阴影。这个小石山不仅有山涧、有山洞、有石梁，而且山好像往前倾着，半覆盖在水池的上空，悬挑在水池上的一面。水池从山脚下延伸探入山里头，所以这里叫壶隐，山好像半个容器，罩在小水池上。

剖面示意图

园境重构分析

剖面重构围合

亭北和东西三面围合梅林，南侧有高大的梧桐树。树南是一组叠石，规模很小，叠石南面是水池。叠石通透，直射的阳光和水面反射的光线从多面围合的缝隙中渗透进来，使整个环境成为一个围合紧密而又宽松的光影世界。

平面示意图

形—势分析

[1]

[2]

势的要点： 明—晦、紧—松、高—低。

形的条件： 在园南端。

形的设计： 重重围合，重重滤光，视线隔而透。

1. 从北向南行，向南看，迎着光。

2. 亭与树的围合与滤光。

○ 以亭为驻足观景点，做成围合的建筑环境，主要是顶上围合。[1]

○ 以梅树围亭的东、北、西三面。[2]

○ 以高梧围亭外上空，投下大片树荫。[3]

优点：建筑的围合是一个最靠近的围合，梅树和高梧的围合是中距离的围合。建筑顶部围合严密，梅树周边围合疏松，桐树高处围合柔软疏松，树的围合可随风轻摇。围合有紧有松，有高有低。光被遮成荫，却又处处通透，洒下光斑。

[3]

[4]

[5]

3. 亭以南叠小山。小山质感硬朗，阻隔视线。但是，山形态空灵通透，孔洞多，隔而透。又可赏石，又可赏光。[4]

4. 小山以南设池，有反光。山覆盖部分水面空间。最柔的水面与山石配合。[5]

评

○ 整体看，围、透相间，空气感强。围合既是紧密近身的，却又有宽松的空间感。

○ 在迎着光的环境下，对于光线的细腻过滤，可以观看丰富的光的表演。虽然环境略微显暗，但是细致的层次都会表达出来。在阴影当中看光线的反射，在暗影当中又有一点明朗，背光的小石山仍然能够给人明亮的感觉。形对明、晦之势的呈现很微妙。

专题二 ｜ 石少山大 通透空灵

一个平地上的园林，怎么来做山？好的石头很贵，石头数量不多，有什么办法把它做成一座像样的大山呢？这十分考验叠山师的本领。

常用的办法，一种是用些便宜的杂石垫在下面，把好看的石头放在上面显露的地方，做成山峰。有多少石头就做多大的山。一种是把石头和土掺合起来，在里面多多垫土，石头放在显眼处，叫土石山。石头不多，山可以很大，但是山形比较低平，弇山园的东弇山就是土石山。

更高的要求是，石少山大，大山还要好看好玩。但并非有多少石头，就做多大的山。好的叠山师应该可以达到这个目标，这是一个特别的本事。使用的方法，就是架空。可以姑且叫“架空山”，古人也可能叫“嵌空”。相对的，前面那些常规的山可以叫“实山”。架空山是更贵、更考究的。

古人欣赏石头有一个标准，欣赏什么样的石头呢？不是一块很实诚的石头就是最好的。除了色泽质感，还要追求石形的漏、透、皱、瘦。架空山也颇为类似，要有一些漏、透和皱这样的特征。山架空了以后，不仅石头用量少，山比较大，而且山显得灵透，一举两得。

除了看起来灵透美好之外，人可以进山去游走，在游走中，能仔细地体会它的通透，能对好石峰多角度观赏。自然山中的各种幽深奇诡，通过架空通透的手法可以描摹塑造出来，从而给园林创造出许多游山之乐趣。从园记中的这些案例，我们可以体会到山的灵透，了解山的通透嵌空是怎么做的，以及怎样才能做得有意思。

得石蹬，拾級而下『白雲門』，又東北拾級而下，有門曰『隔凡』，則吾三弇之第一洞天也。空中靚潔，或明或晦，乳竇涔涔欲滴，巉巖巇崎，若嚙若搏。其水，左與『天鏡潭』合，然上皆怪石覆之；北取『蜿蜒澗』，渺渺而入，俯瞰之，若一星，以其窈窕不易測也，故名之曰『潛虬』，而亦會我先師曇陽子籠靈蛇于是，不二時而失之，旬日而見于徐墓，其義蓋亦吻云。洞中石蹬凡再斷，游者過之，必魚貫以手，乃其足猶踸踔也。出洞則復曠朗。

——王世貞《弇山園記》

园境 · 明代五十佳境 · 第六境

弇山园 | 潜虬洞

潜虬洞

西弇山山里有一座大山洞。

从山顶往下走，路过一座石头洞门，叫“白云”。转折一下，再继续沿着石台阶往下走，到很深的地方，又有一座石头洞门，叫作“隔凡”。隔凡的意思就是把凡间事情隔开了。

这是弇山园中最大的石洞，洞内上方，空间高大宽敞，光线不均匀，幽暗之中也有比较明亮的地方。洞里的石头有的像钟乳石一样垂下来，有的凸出来，好像一群野兽在打架争斗。地面上有一条涧水，是从北面的蜿蜒涧连过来的，然后往东南面去，出洞与天镜潭连通。这条小水流，文中说“渺渺而入”，就是流速比较慢，缓缓地流进这个洞里，奇形怪状的石头将小水流各处略微遮盖着。洞中上方的空间比较亮一点，越到下面越黑，水流看不太清楚。俯身去看，水在石头沟里很深，但是从下面好像又有一点点亮光，在里头一闪一闪的，看起来好像是下面有什么怪物一般。这个洞名叫“潜虬洞”，意思是下面这条小水流里潜藏了一条龙。

园记说，在王世贞小时候，老师曾经跟他讲过一个故事。这个老师有一天在隆福寺捉到一条灵蛇，把它关在笼子里，没多久这条蛇就不见了。再过了若干天，这条灵蛇却出现在姓徐的人家的墓里。老师对他说，有一条蛇精就在这一带的地下。王世贞把这个洞起名潜虬洞，也与老师的故事相吻合。

这个洞里的上空虽然高大，但是地面这一带却狭窄崎岖，行进十分困难。出了洞以后，正好到达天镜潭。洞口之外，空间开旷明亮。近处是一个小小的水滩，上面有些好看的石头。

剖面示意图

园境重构分析

剖面重构

潜虬洞的特点，一是上部高而宽敞，下部狭窄。二是洞壁怪石嶙峋，形态狰狞。三是高处略明，低处很暗。四是在上述情况下，下面最深处的水流被岩石遮掩，最为阴暗。

水流渺渺，在又深又暗的石下流动。洞顶石缝的光亮在深处水流中闪烁着点点微光，一种神秘感使山洞显得深不可测。

形—势分析

[1]

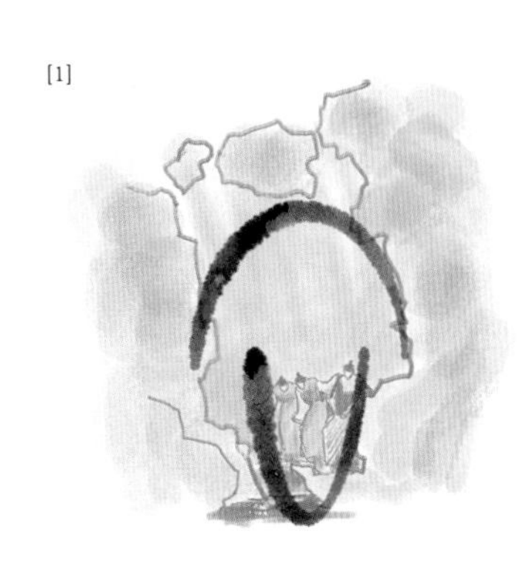

[2]

势的要点： 深不可测，神秘，令人惊恐。

形的条件： 叠石山洞。

形的设计：

[3]

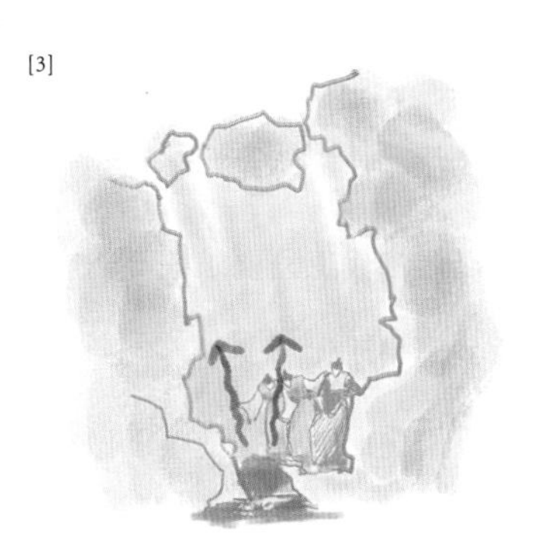

1. 以高度显得大、深。[1]

2. 高处的石缝有光，低处暗。[2]

3. 水穿山洞。

4. 水藏于石下，神秘。[3]

5. 水有反光，惊恐。

专题三 | 石洞

在叠山架空和通透当中，技术难度比较高的是做山洞。山洞不仅是为了架空，在假山里做山洞，也是模仿真山的一种形式。但是架空的山，技术难度比较高。

架空山需要用石料起到结构的作用，特别是架梁，为了让山上面荷载很重时不至于垮塌，所以对古代工匠要求很高。有一些有名的叠山师，比如明代的戈玉良，他们掌握了一些技术绝招，叠山时架空就可以做得比别人好。一般构架山洞，能够架出一个像门洞，或者像隧道一样的洞，能让人钻过去就很不错了。更好一点的，是里面有一个大一点的空间，人可以坐在那儿或者躺在那儿休息。再好一些的是大洞，大洞里头可以摆一个小石桌，四个石头凳，可供四人喝茶，或者下棋，或者坐着谈天。南方的夏天，洞里的阴凉很受欢迎。

这种供人休憩的大洞，在今天的园林遗存里所剩无几。在明代园记中，我们也选出几处山洞案例，供大家欣赏。

堂之前，大水可十畝……池上跨以曲梁朱欄，長亘熚熚，池水欲赤。……走曲澗入洞中，洞可容二十輩。……由洞中紆回而上，懸磴復道，寥嵯棧齴，「碧漪堂」在俯視中，最高處與「積翠岡」等。群峰峭竪，影倒「露香池」半，風生微波，芙蓉蕩青天上也。

——朱察卿《露香園記》

园境 · 明代五十佳境 · 第七境

露香园 | 石洞

露香园故事

露香园建于明代后期，位于旧上海城内西北隅，今露香路即其故址。

园主顾名世，其兄长叫顾名儒，兄弟二人都在此造园。顾名儒先买地在城北兴建“万竹山居”。顾名世为官回来，在“万竹山居”的东边也购买了一片土地建园。建园时遇到一件奇事：挖池塘挖出一块大石头，上刻有“露香池”三字，经鉴定为元代大书画家赵孟頫手笔。在宋代第一次商贸繁荣以后，到元代这一段时间，这个位置应该曾经有过一座园林。在明代预防倭寇修建上海城墙之前，这里应该就荒废了。于是明代顾氏的新园就命名为“露香园”。

露香园规模数十亩，有大石山、大土山“积翠冈”和十亩的大池“露香池”，园中建筑多环池而建，园中种了桃树林。据传顾家将桃的品种进行了改良后，出产的水蜜桃极佳，声名远播京城。

和元代的那个露香池的园林一样，明代的露香园也好景不长。这次所不同的是，朱察卿为露香园写了一篇很好的园记。王世贞读了园记后记在心中，后来专门前去寻访。王世贞记述了露香园凄凉的晚景，园主那时已经十分老迈，园子基本颓败。幸亏《露香园记》留存至今，我们得以细细地品赏。

明末时，崇明水师曾于此处驻军。历经战乱后至清初，仅有旧石二三，浅池亩许。清道光十六年（1836），徐渭仁将此园购入后重修，稍现昔日景观。到鸦片战争时期，园子被用作存放火药，一日火药库爆炸，将园子完全炸毁。

露香园遗存至今的不仅有园记一篇，难得的还有一项遗产。顾名世晚年居于园中，命姬妾婢仆制作绣品，自己观赏或者赠送亲朋好友。绣品非常出众，因而得名“顾绣”。露香园顾绣成为当时一绝。顾绣诸名手中，以顾名世孙媳妇韩希孟最为出名。韩希孟对绣品的创作水平很高，她从画中取经，临摹宋元的名画作为刺绣的粉本，运用针锋特技来表达神韵，她还写了一部《武陵绣史》。今天，北京的故宫博物院和上海博物馆都收藏着她的名作，并编有《明露香园顾绣精品》图册。

石洞

上海露香园的园内有一个十亩之大的水池，池水十分清澈。池上建了一座微微弯曲的长桥。桥漆成朱红色，桥的倒影使得池水看上去漂红。这座桥从池的北面把人引到池的南面，南面就是大的叠石山，漂亮的长桥直接连到大石山脚下。

人下了桥以后，路开始难行，崎岖的山路，路径曲折。走了没多久，却好像走了很长的路。路变成一个山涧，沿着这个山涧，就进入一个石洞。

这个石洞非常大，文中称大概能够容纳20个人在里面休息。洞不仅大，而且很高，在里面看，像一个高高的大厅，有石头柱子撑着。洞侧边的石壁，山石叠得异常嶙峋。石壁上有一条蹬道，人可以沿着这个洞的石壁往上攀登，一直到洞的最高处。洞很高，攀登十分惊险。洞顶有一个开着的洞口，有点像天窗，洞的光线也从这里洒下来，人能够从顶上的洞口出去。

出来以后，向四周望，发现不仅到了洞顶，而且已经到了这个大石山的山顶，人高高地在上边。回身俯瞰，是石山下面大水池、长桥。水池的北面就是这个园林最主要的建筑“碧漪堂”。堂很高大，可是现在却只能远远地俯瞰，见其全局。碧漪堂的背后又是一座山，是一个土山岗，叫“积翠岗”。山上有很多树木，绿色葱茏。建筑、长桥和绿山，都倒映在大水池中。天上的青天白云也倒映在水中，水面的荷花，好像飘在蓝天白云之间。

园境重构分析

露香园的池和山都比较大，石洞也大。洞的一侧可以沿着山壁走上去。石洞的采光来自山顶的洞口，人在攀登的时候，向下还可以看到洞中的情况，洞里的人也可以看着这个人往上爬，这在洞里形成了高下变动的趣味。

从高处的采光口出来以后，人已经到了山顶，空间豁然开朗。由于此处是全园最高的位置，所以这种豁然开朗和视域转换的感觉十分明显。

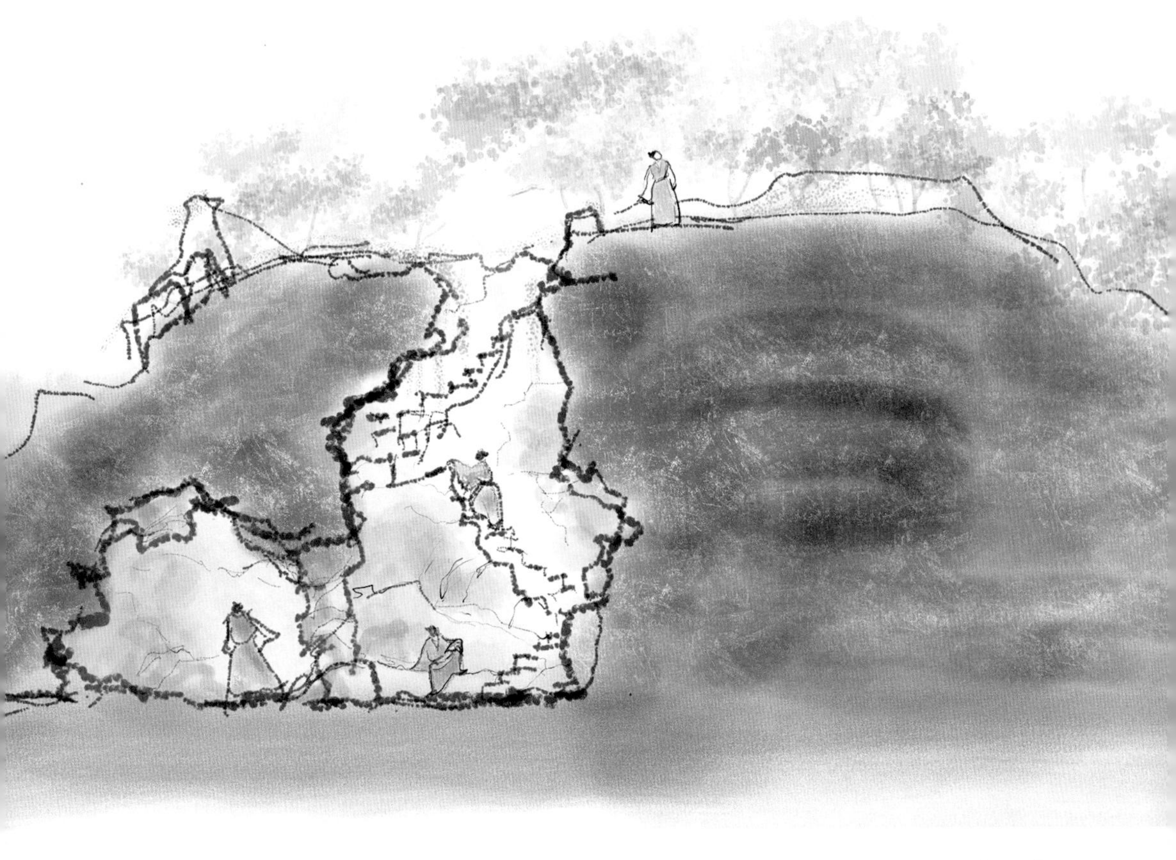

剖面示意图

想象如果是真山的一面山崖，我们可以用人工的方式做成一个高的山洞，一侧是自然的山壁，另一侧可能是人工的山体。人显得很小，沿着自然的山壁阶梯往上爬，顶上有一缕光从高高的缝隙中射进来。山顶还蓄有一池水，从高处滴一些水滴，有一点水的声音。用这样的方法来登山，应该是很有趣味的。

利用山壁做成一个非常高而陡峻的山洞，这个山洞的山壁作为登山的蹬道。把蹬道放在一个又窄、又高、又暗、又宁静的石洞里，跟平日在太阳下气喘吁吁地登山，体验肯定不同。露香园的石洞，启示我们这样一种用法。

形—势分析

势的要点：广、高、豁然。

形的条件：长桥，大山，大池大堂。

形的设计：

1. 山中做高大的石洞，沿小路进入。[1]

　　○用很小的路进入，衬托洞的广、高之势。

2. 在洞壁登山，有趣。[2]

3. 从洞顶出洞，突然从内到外，突然位于高处，衬托了豁然之势。[3]

　　○高的景致出现非常突然。这种豁然的势转换，与一般的登高截然不同。

4. 回看大池与露香堂及远山倒影。

　　○与洞内紧张的心情形成反差，回看形成一个很舒畅的感受。

[1]

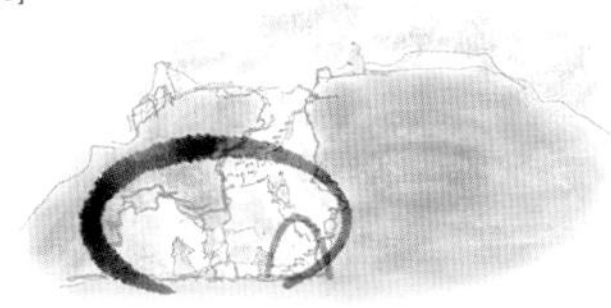

[2]

[3]

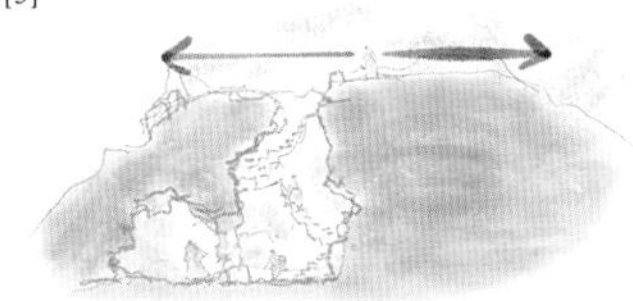

评

○ 洞顶有口，有利于采光，结构更容易。

○ 将登山石阶做在洞内，二者合一，巧。

○ 以洞登顶，仅此一例。

廊可三十武，復得門，曰『履祥』，巨石夾峙若關。中藏廣庭，縱數仞，衡倍之，甃以石，如砥；左右累奇石，隱起作巖巒坡谷狀，名花珍木，參差在列；前距大池，限以石闌；有堂五楹，巋然臨之，曰『樂壽堂』，頗擅丹雘雕鏤之美。

——潘允端《豫園記》

豫园 | 履祥

豫园故事

豫园是晚明四川布政使潘允端所建，位于上海县城东北隅，在潘允端自宅的西侧。这篇《豫园记》，作者为园主潘允端。

潘允端是明代嘉靖年间进士，他终身为官，官至四川布政使。嘉靖三十八年（1559），潘允端在上海城内兴建豫园，为他的老父亲贺寿，20年中他又陆续扩充至70余亩。将园取名豫园，是取“豫悦老亲”之意。明末，园渐荒颓。至清代乾隆二十五年（1760），部分园林被上海城隍庙购得，翻修后称为“西园”。乾隆年间乔钟吴著《西园记》记录当时西园园景，园中各种茶馆店铺，集市杂耍，江湖过客聚集，环境全不似园林，变得喧闹嘈杂。

清末动荡，豫园屡遭破坏。第一次鸦片战争时，豫园为清军占领，用作兵营。小刀会起义时，园内点春堂曾为城北指挥部。后又被法军占据，又用作兵营。此后，豫园被多家公所分割购买，园林再度遭受破坏。抗日战争期间，豫园被用作难民营，几近毁灭。1956年后，豫园才得以整修，恢复园景30余亩。清代以来，豫园及周边成为市井喧嚣之地，直到今天。

履祥

豫园的叠山，传说是张南阳所做。现存豫园大假山看起来比较一般，但是园记中所记的叠石山，却有一处很有特点。

入园以后，路线向西向北，经过一座跨水的拱桥，过桥以后是高的长墙。沿着高墙西行，来到一处建筑，前面是奇石，后为水池，有廊子架在水面上。向北走，路过水上的亭子，廊子折向西去。廊子的端头对着石山，石山中有一座门，叫作“履祥”。

这个门像一个大山中的关口，在巨大的石头之间夹着，进入这个门就进入了叠石山。从门进入后，叠石山里面却藏了一个平台。平台很宽很大，地面用大石头铺得平平整整的。大平台前面是一个更大的水池，水面有十亩大小，是私家园林中特别大的水池，与露香园的露香池差不多大。平台和水池之间是石头雕刻的栏杆。

平台之上是一座格外高大的建筑，叫“乐寿堂”。文人私家园林的堂很多是三开间，取其雅致精巧，与树木山石尺度容易协调。这个堂却是五开间，而且非常高，是一个显要的大堂。堂不仅高大，而且雕梁画栋，装饰得金碧辉煌，非常华丽。王世贞形容为“崇堂，其高造云，金碧照耀，岿然鲁灵光也”。“鲁灵光”是一则典故，鲁灵光殿是汉代皇家高大华丽的建筑中的一座。到后世，周边汉代建筑都已损毁不存，只有高大的鲁灵光殿独自屹立。

乐寿堂的东、北、西三面都用假山石环状围绕，山石之上，种满了奇花异草和各种树木。在这个案例中，堂的周围叠石山基本上是环绕状。堂的南面是大水池，水池的对面，又由一些叠石树木围绕。这是豫园的中心景观地带。

这个案例跟下一案例归田园居的“小桃源”一样，都是隔着假山，穿过石洞进入另一个园境，但是寓意有很大的不同，效果也很不同。案例的主要特点是通过夹峙的巨石关进入富丽堂皇的主要景区，这种处理在明代园记当中是非常特殊的，清代园林遗构中也没有见到。

我们以为，古代官员既然从读书科考者中选拔，应该都有文人气质，实际上，官员中却包含了很多缺乏艺术气质和文人气质的人。他们显得官气十足，或者带有商人气息，园主潘允端应该就是这么一位。王世贞到上海，潘允端力邀他来豫园，希望能得到一些美言。王世贞对园子的评价并不太好，说园主贪大，但是又做不好，主要做了很多大房子，树木太稀少，园景也比较粗陋简单。但是从履祥门进入乐寿堂这个转换，王世贞的印象是较好的。

剖面示意图

平面示意图

园境重构分析

平面重构

大平台上高大的堂，其前大池，其后石山环围，花卉种植其上。

在石山的侧后设石门关，关外接长廊。

游人穿长廊，入石关，从侧后很近处出，突然看见金碧辉煌的大堂的山墙，还有前面的大池。堂的高大和华丽给游人很深的印象。从侧后入堂区，平台向南就是大片的水面，这些安排不同寻常。

人们对豫园的评价一般不高，主要因其比较俗丽，缺乏自然美感和文人园的韵味。但是履祥这个石关的处理，别出心裁，用侧后逼近的流线，破除了池、台、堂、山轴线布局的单调乏味，塑造了独特惊艳的体验，极好地凸显了乐寿堂和堂池区，处理大胆而不拘一格。

由此可以特别关注到叠山的山洞，对于不同景区的分隔起到穿通作用。

形—势分析

势的要点： 轻—重、豁然、岿然、华丽。

形的条件： 大池大台，大堂岿然。

形的设计：

1. 叠石山围合大堂三面，侧后开通石关。用粗石关反衬堂的华丽。[1]

2. 建通透长水廊，曲折达大堂侧后石关。用小水廊反衬堂的宏大。

3. 穿石关，直逼大堂侧面，彰显堂的高大辉煌，彰显堂之南池台旷远。[2][3]

[1]

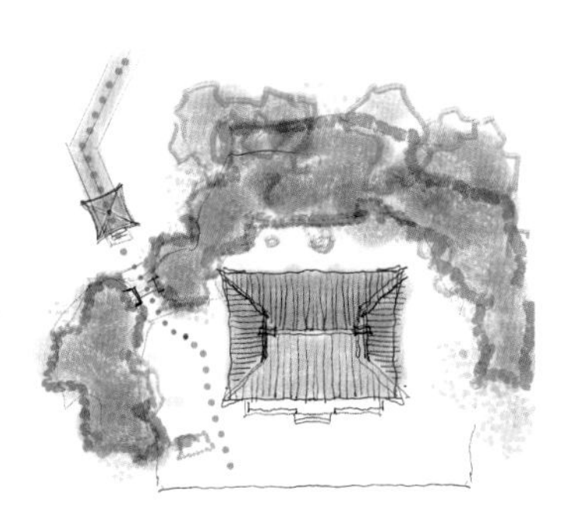

[2]

[3]

池左兩峰并峙……峰之下有洞，曰『小桃源』，內有石床、石乳。南出洞口，爲『漱石亭』，爲『桃花渡』。其石之出没池面者，或鋭如喙，或凸如背。予性不耐煩，家居不免人事應酬，如苦秦法，步游入洞，如漁郎入『桃花源』，見桑麻鷄犬，别成世界，故以『小桃源』名之。……洞之東，有池，曰『清泠淵』，池上有屋三楹，竹木蒙密，……自『蘭雪』以東，此其最幽者。

——王心一《歸田園居記》

园境 · 明代五十佳境 · 第九境

归田园居 | 小桃源

归田园居故事

小桃源是明代末年苏州府吴县归田园居内的一处环境。归田园居园主叫王心一。王心一是苏州吴县人，万历四十一年（1613）进士，官至刑部左侍郎，园子是按照他的意愿建设的。所选园记为《归田园居记》，作者为园主王心一，收录于《兰雪堂集》，兰雪堂就是园中主要的建筑物之一。

归田园居，位于苏州城娄门内迎春坊，与拙政园仅一墙之隔。崇祯四年（1631），王心一弃官归田，此时拙政园王献臣家族的子孙早已败落，拙政园已经多次易主，东部荒废。王心一购买拙政园东部荒园十数余亩地，花费4年时间建成归田园居。王心一充分利用园地多水的特点，稍加浚治，使得碧水盈溢，溪涧萦回，造就了一座以水见长的宅园。园主感觉造园和园居颇有意趣，写下《归田园居记》。这是我们案例研究的主要材料。王心一的子孙传承了这个园子，到清代嘉庆后园废。现在苏州拙政园东部就是归田园居的故址。

小桃源

归田园居这个园子里有一个不小的水面，大约有4亩多大，围绕着水池的是园中一些重要的景观。很多园林也都是如此布局，将水池设在中央，成为最开阔的园景。

池水南面有叠石山峰，东面有两座山峰，成一对并置。从这两个山峰之间的峡谷走进去，里面是一个石洞，叫“小桃源”。石洞里面比较宽敞，布置了石床，盛夏会很荫凉，人可以在这里休息。从洞中往南是洞口，一出洞口，南面紧接着一个亭子，出洞可直接进入亭子。亭外一片小小的空间，亭三面被溪水围绕。溪水中有几块石头铺垫着，可以踏石跨过溪水。

出洞的环境虽然不大，但是有几个方向的山路可以爬山，上到叠石山的不同高度，可以观看不同的景象。石洞的南面，溪水往东流进密密的竹林。那里有一条幽静的小路向东，穿行在竹林之间。

竹林中央有一片水池，水面不很大，池的周边围着密密的竹林和树木，环境非常幽静。小池子北面有一座小斋，园主可以在这个环境中驻足静心休息。园主人说自己喜欢安静，若想逃避外人打扰，就可以来到这里。

这是园子里最幽静的地方。

剖面示意图

平面示意图

园境重构分析

剖面重构

穿山的石洞中有石床，能够供人休息。洞外紧挨小亭，亭外有溪水和石踏步，向外是茂密的竹林。这是小桃源西南山洞入口处的景象。

平面重构

归田园居只有十几亩大小，却做了比较大的场面，例如西侧的大池与大山，还有堂前的各种场景。在园的东侧分出一小块，营造一个僻静小园，并且用山隔开，成为山前山后两个区域，以石洞连通。连通的通道，除了石洞，还有亭、亭外的溪水和竹林。竹林中围有小池，池北是草堂。后区的进入，层次细致。

场景示意图

场景重构

竹林当中有一片小水池，它的北段有一处草堂。园主人的园记中写这是最幽静的地方，能够供人躲避喧嚣，寻求安宁。

形—势分析

势的要点： 幽深，宁静。

形的条件： 小园十数亩。

[1]

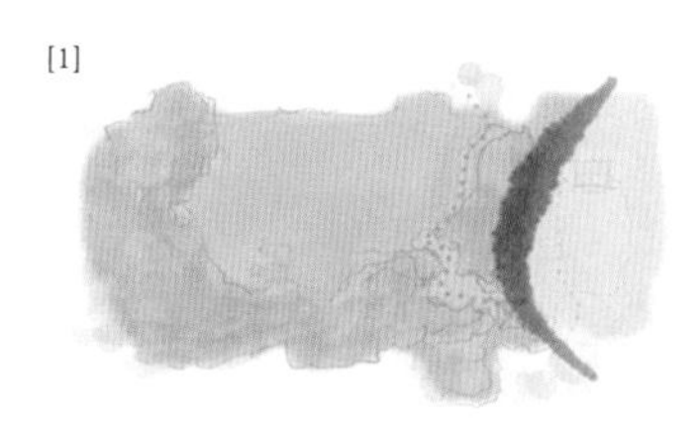

形的设计：

1. 分：分出一角设小园。[1]

2. 隔：以叠山将小园从大园中隔出。[2]

3. 通：以叠山中的小石洞弯曲通向小园区域。[3]

4. 饰：石洞内饰以石床可纳凉，石洞出口饰以亭，亭下有流水和踏步石（幽）。[4]

5. 层：小园区域内又围一层竹林小池小屋，成小园内的中心（深）。[5]

6. 围：竹围池、屋（静）。

[2]

[3]

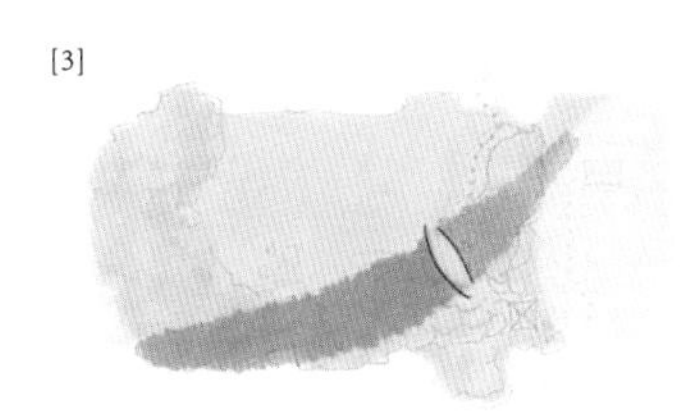

[4]

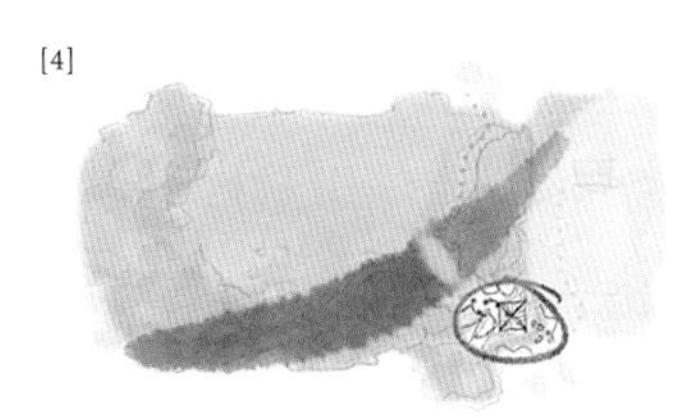

[5]

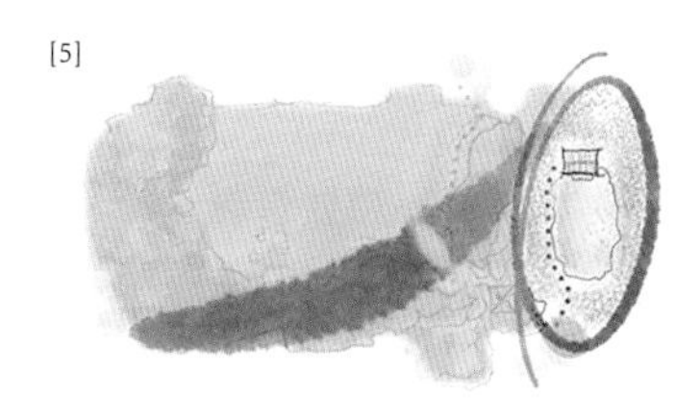

评

○ 小园与大园反差，使得整个园丰富。

○ 隔且曲洞相通。

○ 细致的小设计，使得心境美而有韵味。

○ 增加层，使空间更显得幽深而且沉静。

专题四 | 武陵桃花源

中国古代的景观创造和景观欣赏，具有一种源流传承的特点。由一段文字创作出的情景，启发了一种具有共性的景观的理想，成为赏景的一种模式，又成为一种园境创造的模式。这个模式不断地被追仿和发展，有点像古代诗词里边的典故。古代在园林营造中形成了很多典故，在这些典故里，最有名和影响最深远的，应该算是桃花源。

东晋时期的陶渊明写了《桃花源记》和《桃花源诗》，其中《桃花源记》影响更大。《桃花源记》大体内容是这样的：晋代，有一个地方叫武陵（今湖南常德一带），有一个打鱼人，一天他沿着溪水撑着船往前去，后来忘了走到什么地方，突然看见前面有一片桃树林正开满了花。这片桃树林中，没有其他杂树，只有桃花。树林两岸夹着溪水，这两岸树下的芳草非常鲜美，绿绿的。桃花落英缤纷，撒在鲜草上，撒在溪水中。渔人看了，觉得这地方太漂亮了。他被吸引，沿着溪水撑船，想要看看这个林子走完了是个什么样的地方。出了桃花林，见到了溪水的水源。这时候前面有一座山，山有一个小小的山口，山口里好像冒出一些光来。这个渔人很惊奇，下了船就走到那个山口。一开始进去是个小小的口，很窄。再走几十步以后就豁然开朗，这个山口里是一大片平旷的土地，良田美池，桑树竹子都很丰茂。村子的屋舍也整整齐齐，非常漂亮。大地之上有往来纵横的小路，鸡犬相闻。田野里男人女人在耕作田地，看起来很愉快。他们的衣着很奇怪，头发的发式也不一般。耕作的人们看见这个打鱼的人，非常惊讶，问打鱼人是从哪儿来的。听说打鱼人从外面来，人们非常热情，就款待他吃喝。村中其他人听说了以后都跑来问。原来这里人的祖先在秦代灭亡的时候，为躲避战乱，带着家人到这个地方，之后就再也没有出去过，所以跟外面的人世间就隔绝了。他们都不知道外面经历过了汉代，也不知道有魏晋，交谈之下大家都很感叹。过了几天，渔人说要回去了，里边的人就对他说，我们这里的事请不要告诉别人。渔人出了山口，找到他的船，就往回走。他在很多地方留下印记，希望能够再找回来。回去后，渔人立刻去向太守报告，太守派人去找。结果越找越迷，根本找不到那地方。后来又有什么人又去找，找了很久还是没找到。此

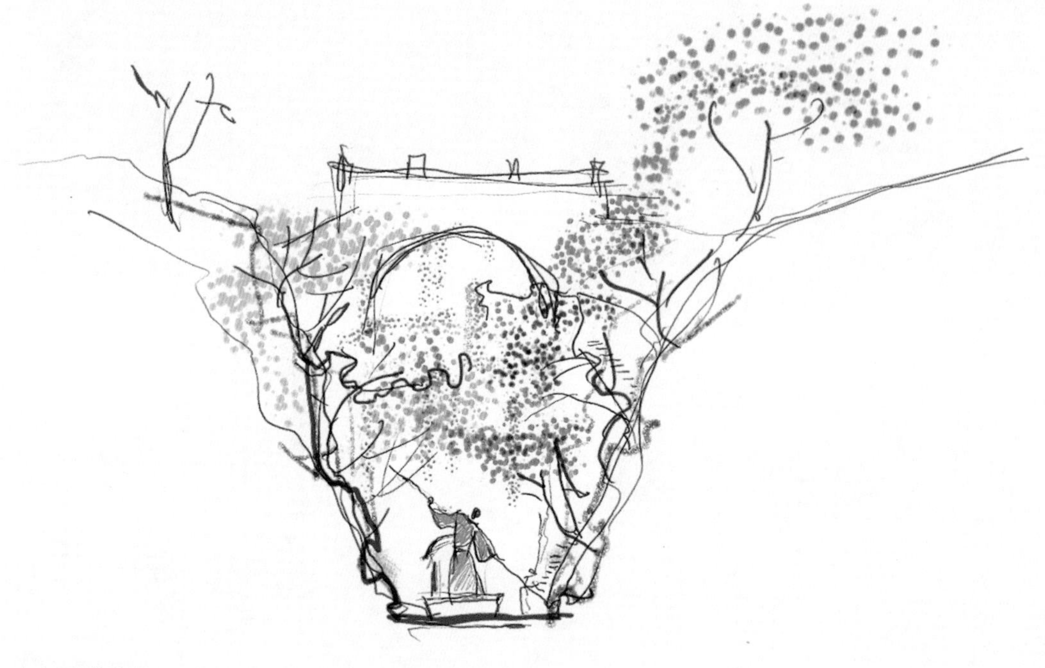

弇山园 散花峡

后就没有人再去找了。这就是《桃花源记》。

《桃花源记》故事奇异，构思精巧，行文很美。给后世播撒了一个奇异而美好的种子，叫“世外桃源”。与世隔绝，景象优美，社会安宁平和，成为一种理想。《桃花源记》把避世思想和美景融合，成为文人园林的重要主题。其中的景象描写，也都成为园林创作的出典。最具影响力的就是“豁然开朗”的景象转换，在园林中成为最重要的手法，中国园林由此形成了重要的景观特征。

除此之外，桃花林的景象也特别被重视。大片桃花林不仅视觉上令人惊艳，而且还具有深意，好像它代表着世外美境的入口。没有任何一种花，在文人园林中具有比桃花更高的地位。另外，人在桃花林中迷入星星点点的花海而不知所踪，把理性的东西都忘掉，任由自己沉迷于其中的情境，也是很有诗意的赏景状态，或者说带有一点醉意。

现实中，桃花美景来得突然，落得也快，令人感伤。文人所谓感叹花落，几乎以桃花的花落为代表。其他花也有落英，但是都配不上作为文人伤春的标志性落英。

露香园 露香阁

溪水穿过深山中的桃花林，林下的落英，随溪水漂流出山，这个美好的景象也带有深意。江苏太仓弇山园的“散花峡”，颇有一点这种味道：峡谷很深，两面是花木。在花的包围中，撑船从下面一条溪水穿过去。船的撑竿一碰两面树的枝干，这些花就散落下来，落花落到船上、落在水上，这种境界也暗合《桃花源记》的意境。

两个境界相隔，又能感受到彼此的存在，《桃花源记》的这种意向也很动人。上海露香园的露香阁，隔着水和山，听见山那边似乎有人在说话，看见水中好像倒映着山那边的人影走过，但是看不见真的人。这一处奇异的景观构造，可以说是在桃花源奇异境界的诱导之下，运用非比寻常的叠山理水手法创造出来的。

山之陽，樓三楹，曰『露香閣』。八窗洞開，下瞰流水，水與『露香池』合，憑檻見人影隔山歷亂，真若翠微杳冥，間有武陵漁郎隔溪語耳。

——朱察卿《露香園記》

园境 · 明代五十佳境 · 第十境

露香园 ｜ 露香阁

露香阁

露香园，它的大水池和大假山占了园中央最主要的部分。山以南，园子已经快要到尽头，离外边城市环境也已经不远了。那里有一座建筑，叫作“露香阁”，还有几座别的小建筑。

露香阁是园中唯一的楼阁。一般理解，叫露香阁的建筑应该在露香园中比较重要的位置，但园主却把露香阁放到山外面偏僻的地方。

这座叠石大山的南面有一口井，叫露香井。露香园中大池的水是从这口露香井出来的，这里是水源。大山的位置是在露香井与露香池之间，假山将水源和大池分隔开，山北与大池、碧漪堂组成主要园景，山南与水源组成一些次要的小景。露香

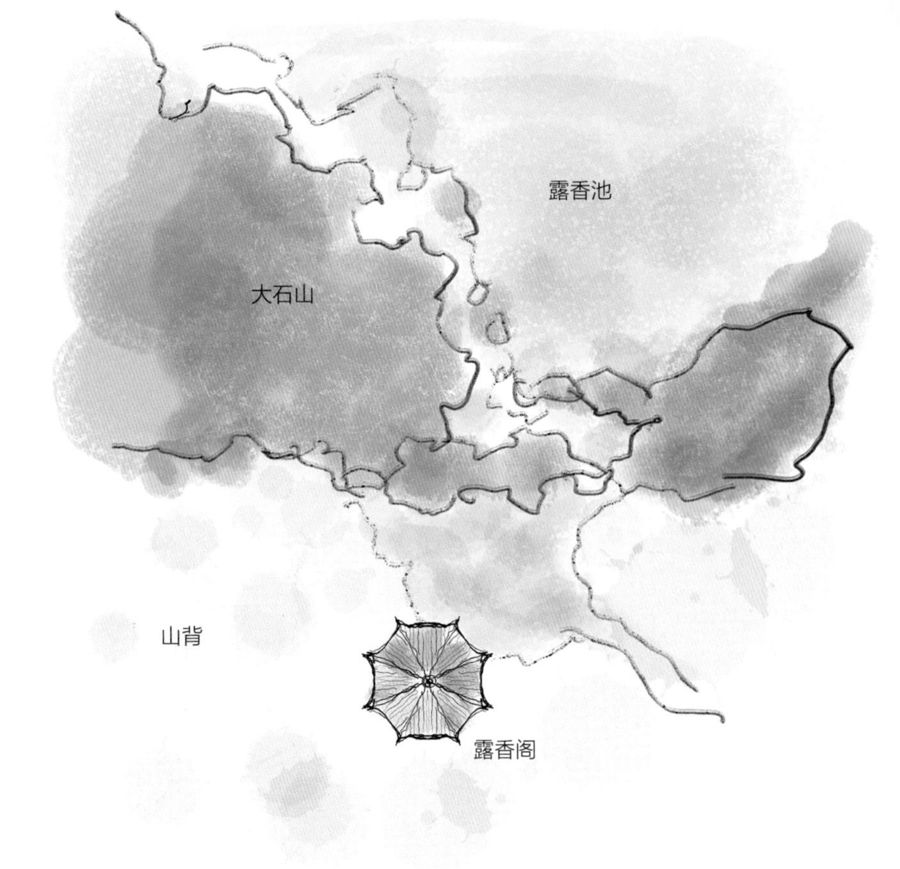

平面示意图

阁就在山的南面。

阁楼有八面窗，可以向周边打开，形制很通透。阁在一个小环境里，和山距离较近。从露香阁上往下看，下面是流水。流水跟山北的露香池相连通。从露香阁往北看，隔着流水，面对的是山，可以看见奇妙的情景：山的北面仿佛有人影，似乎还能感觉到有人走过去，还能隐约听到山那边有人说话的声音。园记说，这个地方真是妙不可言，好像是武陵渔郎听见隔着溪水有人说话的声音，颇有意趣。

园境重构分析

平面重构

大水池南面为大石山。山之南，剩地不多。山石、树木掩映围合成一个窄长而

深的小环境。这里是大池的水源地，流水清澈，穿入山石之中。这一区的叠石比较通透，有的石头是跨在水面之上，呈架空的状态，石山本身可能也有一些孔洞。这样灵动的叠石与疏朗的树木，使得这个空间围合得虽然狭小绵密，但是各处活泼灵通。

山之南的活泼小空间与山之北大尺度端庄的空间形成对照，加上山中、山顶的园境，构成堂以南的主要区域。

剖面示意图

剖面重构

露香阁坐落在这个活泼的狭小空间中，它自己形制华丽、体量小巧、窗牖通透。

人在阁中，内圈是建筑精致的围合，八面窗户洞开，外圈是细密疏朗围合的山林小环境。大池那边隔着石山，人声、人影却能感受到。同样，在山北面大池那边，也能感受到山外还有境界。从形的设计来讲，连续的水面、通透的叠石，还有曲折的掩映，人有可能透过倒影，看到水中影影绰绰的人影。这奇特的美感，像《桃花源记》里山把桃花源内的人和山外的凡人隔开，但是又能互相体会到彼此的存在。理想、现实两境界以山相隔。

形—势分析

势的要点： 隔山而有感。

形的条件： 山池之南，水源，隙地。

形的设计：

1. 以山相隔。叠石奇而通透，此处山薄石透，人声可透过来。[1] [2]

2. 以水相连。山前后流水相通，有联想。水面可有倒影，反映隔山人影。[3] [4]

3. 建小阁，阁上八窗洞开。[5] [6]

[1]

[3]

[5]

[2]

[4]

[6]

评

○ 山南小环境绵密围合，视野不畅，需要搜寻趣味。

○ 一个特别开敞的阁和一个小而围合的环境搭配，围合富有趣味。

○ 人在阁上，心情宁静细致，更有感。能仔细地关注山的这些缝隙和水的流向以及细微的声音。

○ 人在高处，助长新奇而不切实际的感受。架空而能有高视点，向下看到倒影。

東北斜上三級，得廣臺，是流拓處。其臺，鑿石爲『芙蓉屏』。石西面，修可五尺餘，廣倍之，曰『雲根嶂』。得水，則杯泛泛由嶂下竇，穿『芙蓉度』，客争取之，至濕衣履不顧也。石芙蓉之水，東注一峰，下瀉于池，怒激狂舞……

——王世貞《弇山園記》

园境 · 明代五十佳境 · 第十一境

弇山园 | 流觞所

流觞所

流觞所在弇山园的东弇山。东弇山是王世贞请的第二个山师——吴姓山师所叠，不再是张南阳叠的。叠这个山的时候，现实条件是花石料已经所剩不多了。吴姓山师的办法是以土山为主，局部用石材。东弇山的西面是很大的水池，叫“广心池”。广心池的对面就是西弇山的北岭。流觞所位于东弇山的西北山顶，这土山的顶并不高峻，坡比较和缓。

人在山里走着，向东北方向拾级而上，就到了一个大平台。这个平台的南面有块大石叫作“芙蓉屏”，像屏风立在平台一边。又有一块大石，又像一堵墙一样挡在那里，这块石头叫作“云根嶂”。两块大石一竖一横，略微错开，围住大平台，形成一种屏障。云根嶂这块大石下面有一个石洞，有水从后面流出来。水流不小，从石洞中出来后，蜿蜒绕过前面的芙蓉屏，一直流到这平台上。平台上有弯曲的浅沟渠，水沿着沟渠弯曲地流过平台。平台的东南又有一组石峰，水从这石峰的缝隙里流出去。缝隙外就是悬崖，水流穿石峰变成瀑布，落入崖下的一条山涧。

如果园主有客人来，云根嶂后面流出来水，还飘着一杯一杯的酒。流水带着酒杯弯弯曲曲流过平台，客人们争着去拿酒杯来喝，忙得不亦乐乎。这是山顶一个娱乐的地方，叫“流觞所”。

园境重构分析

场景重构

山顶大平台，大石和石峰在平台周边横卧或者伫立，像屏风围住平台。山顶高处却形成一个浅浅的山石夹峙环境。既有高处的畅快兴奋，又有围合的内向、向心感。这内向型的娱乐空间被放在山的高处。

土山小路在林荫之下“行走”。上到山顶，大平台在开敞的天空之下阳光明媚。环境的转换、明晦的转换、高低的变化、小土路和大石台的转换，这些不起眼的变化，

场景示意图

潜在地影响着人的心情。

流觞所在高处，显然高于山下的水面。曲水流觞的水源实际上来自石屏风后边的两口井。客人来了，后边有几个仆人打上井水，倒入高处的石槽。流觞所提升水的工作不能让人看见，水在高处平流是主要的景观表现。

曲水流觞之后水从高处落下，成为一个瀑布，这也是比较好的造景。这个瀑布落在比较深的山涧位置，只有从天镜潭划过来的小船在水路才能看见，故而又有一点深山野趣。

形—势分析

[1]

[2]

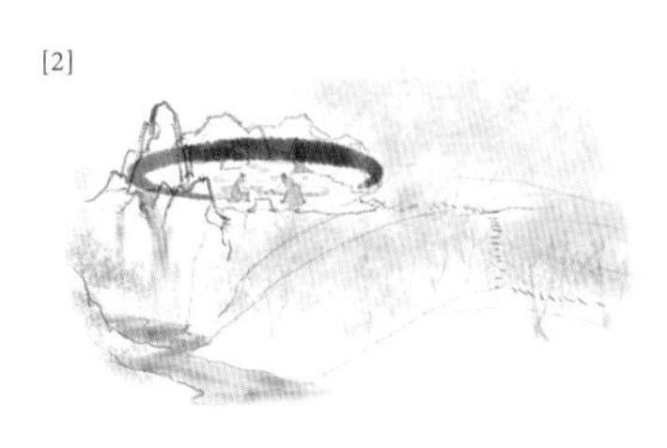

[3]

势的要点： 高畅、深、趣。

形的条件： 土山高处，下临深渊。

形的设计：

1. 土山之顶设大石平台，位置紧临山涧，可以造高、深之势。[1]

2. 用石峰围合平台。围合有内向、向心感。石峰有高处的高峻之势。[2]

3. 水从石峰之外来，蜿蜒穿过平台，去到另一石峰之外，可作高山流水想。[3]

4. 石间瀑布落于山涧幽深处，增加山深之势。

5. 高处流觞而有趣。

由『流觴所』十餘級而下，始爲大灘……灘勢直下，往往不能收足。第最寬廣，狠石四列，垂柳、緋梅、蜀棠交蔭，𢝁之，則池與南榮畫棟、兩崦嵐壑、昏旦晦明之趣，盡入阿堵，讀康樂『清暉娱人』語，真足忘歸也，因名之『娱暉灘』。

——王世貞《弇山園記》

园境 · 明代五十佳境 · 第十二境

弇山园 | 娱晖滩

娱晖滩

从流觞所出大平台，弯弯曲曲地沿着好些台阶下山。往西走，出了树林来到水滩，一下子就看见大水池。这是一个大滩，滩不仅大，而且地面是斜的，颇陡。人向水岸走都觉得有点收不住脚，好像要冲到水里去似的。

斜滩与水边相接的地方有几块刀劈斧凿的石头，形状很好。石头的周边种了一两株垂柳，三五株红梅、海棠。

前面就是广心池，广心池是一个很大的水池。滩在池的东面，所以在滩上面，池是面朝西的。从滩边柳树下的石头往池那边看，可以看见远处的西弇山、近处的中弇山。北面是长墙，还有一条长廊，白墙黑瓦，墙内有楼阁屋顶探出。广心池水池虽然大，但是周边都被很好地围合着。

在大滩柳树下坐着，人与水面很近，水平如镜，向远处延伸。最动人的时候就是傍晚，可以看见太阳在水面的西边落下，晚霞映满了天空和池水。这个地方叫“娱晖滩”。

“娱晖”有一个出处，就是南朝谢灵运的《石壁精舍还湖中作》。诗里说：“昏旦变气候，山水含清晖。清晖能娱人，游子憺忘归。”

王世贞用谢灵运这首诗里的境界，把这个大滩命名为娱晖滩。

园境重构分析

剖面重构

土山通过滩与大池连接。土山起伏，形态温柔，植被覆盖，浓荫碧绿。大滩既宽且陡，形态硬朗。场景大而振奋，滩势陡而惊心。细密柔和的土山转换至此大滩，园境反衬互显。

滩边与水际一线，几株柳树垂阴，树下点缀坐石。这样，滩水之际连续的大而平旷空间中，插入一小条绿线，树形树影疏朗怡人。左看右看，都是可爱的去处。

剖面示意图

大山林覆盖完了，到水边再续几点小石林；大平池延伸完了，到山边再续一片大斜滩。从山到池，明旷和林荫交织。在此简明的格局下，人的园境感知组织得巧妙奇特。

一个大的、斜的滩涂，斜坡面又宽又大，在水边形成一个有点惊人的势头。人从山上的密林当中走出来，能够看见这个大的水面。滩面向西边的水池中，能够看见水上的落日，明一晦转换，大陡一大平转换，再看夕阳美景。

形—势分析

势的要点： 大、惊人。

形的条件： 东面土山林，西面大池。

形的设计：

1. 用大滩接在山林与大池之间，形态硬朗。大滩接大池而延续其平旷，接山林而形成反差。大势彰显。

2. 大滩做成斜坡，奇特惊人，更突显其大势。[1]

3. 水际树石点缀，点断平旷而呼应山林。心惊后在此林荫下平缓悠然，可对晚霞美景。[2]

直北可數丈，則爲「東弇」之「東泠橋」，橋下兩岸皆峭壁，犴牙坌出，壽藤掩翳，不恒見日。紫薇、迎春、含笑之類，時時與篙𦈏，是曰「散花峽」。

——王世貞《弇山園記》

园境 · 明代五十佳境 · 第十三境

弇山园 | 散花峡

散花峡

中弇山和东弇山之间，有一条窄的峡谷，水面连接南面的天镜潭和北面的广心池，人们可以乘一只很小的船从这个峡谷穿过去。这个峡谷最后是由东弇山吴姓山师完成的。

乘船游赏，从南面的天镜潭沿着东弇山边的岸划过去，就会划到这个峡谷。峡谷两岸都是峭壁，高处有一座桥，连接中弇山和东弇山，叫“东泠桥”。桥下峡谷都是陡峻峭壁，石头的形式非常狰狞，挤靠得很紧的样子。峭壁上面种了很多的植物，有藤、有花灌木，枝叶覆盖在峡谷上方。撑船从这条山间的水路过去，基本看不到天光。它形成一个紧密狭窄的峡谷水道，光线幽暗，只有远处广心池的明亮在前方可见。船下水面，微波荡漾，远处光亮被引到幽暗峡谷深处。

峭壁上的植物有紫藤，有迎春，有含笑，还有其他各种花，它们争相向上生长以获取阳光。在春夏之际，上面开满了花。乘小船，从下面划过去，好像穿过一个水洞。周边的紫藤、迎春含笑的枝干伸进峡谷间。撑船的竹竿碰到那些枝干，花瓣就抖落下来，小船像从花瓣的落英里划过去。这个峡谷叫“散花峡”。

从峡谷过去就到了北面的广心池，可以看见前面的娱晖滩。小船靠右，在“留鱼涧”口内，能看见娱辉滩后边从流觞所流下来的瀑布。船过散花峡之后，看见瀑布，看见娱晖滩，视野变得开阔。这些园境就是这样很自然地交织着，很密集地呈现着。

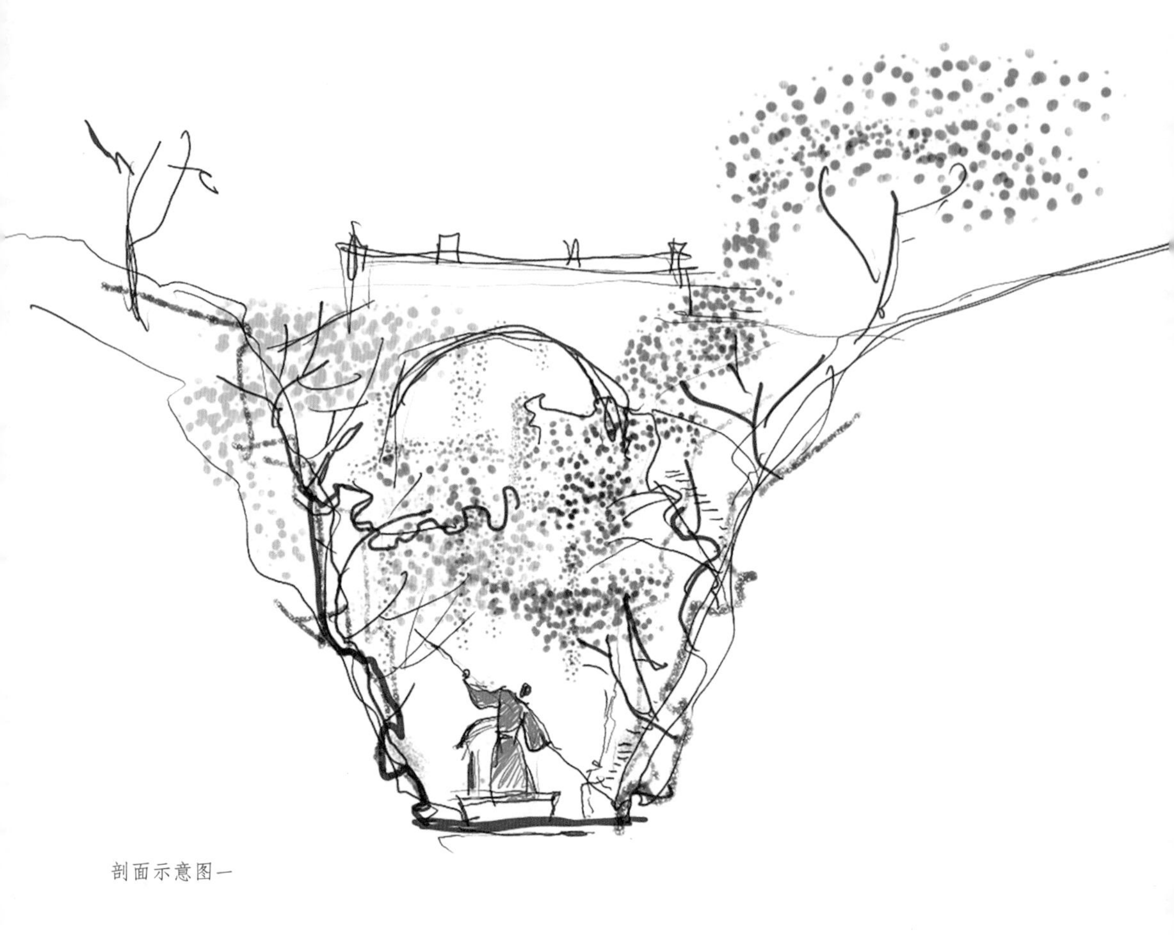

剖面示意图一

园境重构分析

剖面重构（一）

两山之间做很窄的峡谷，在上面封了花灌木，船从峡谷过去。两山很高，所以峡谷非常深。在峡谷高处有一座小桥跨越两山，或有石头台阶，从高处走到幽深的地方，走到接近船与水面的地方。

这样，散花峡就有三条路。一条水路从南到北，狭窄而长，在低处，很暗；一条山路从东到西跨桥，高畅明亮；第三条是从高处到低处，一条山石路，从阳光明媚的高处，从花灌木之上，逐渐走到幽暗峡谷深处，到古藤花灌木之下，接近深暗的水路。

剖面示意图二

剖面重构（二）

如此狭窄、紧密幽暗的环境若是步行并不舒适宜人。而水面舟行，丝滑平顺，却别有情趣，水光倒影，处处可人。上空花树覆盖得越密，两边山体离得越近，越产生奇特的趣味。船的上方密密的有树枝阻挡，而下方却柔亮。撑竿导致上面花瓣落下来，落在自己的身上，营造出美的意境。

过了这个山峡以后，就是一个非常开阔的水面。历经探索，突然走到一个豁然开朗的环境里，颇有穿过桃花源的感觉。

形—势分析

主要的势：紧、穿。

协同的势：刚—柔，明—晦，高—低，深，散。

协同的势互相反衬成对，多重有机交织。

形的条件：从大池通往大池，两山之间峡谷。

形的设计：

1. 利用中弇山、东弇山，将两池之间挤成一条峡谷，让宽池—峡谷形成反衬。

2. 将山体靠得很近，挤紧峡谷；让峡谷岩壁陡峻狰狞，做山之深势。用植物进一步挤紧。山石是刚硬的，植物是细柔、松散的。[1][2]

3. 设高桥从峡谷上空跨过，用小船从峡谷底部穿过，高低成趣。[3]

4. 古藤枝叶浓密，峡谷幽暗，两面大池明亮，幽暗峡谷与明亮大池互相反衬，明晦交错成趣。[4]

5. 花灌木的落花，如光斑散落，给出诗意的最后一次触动。[5]

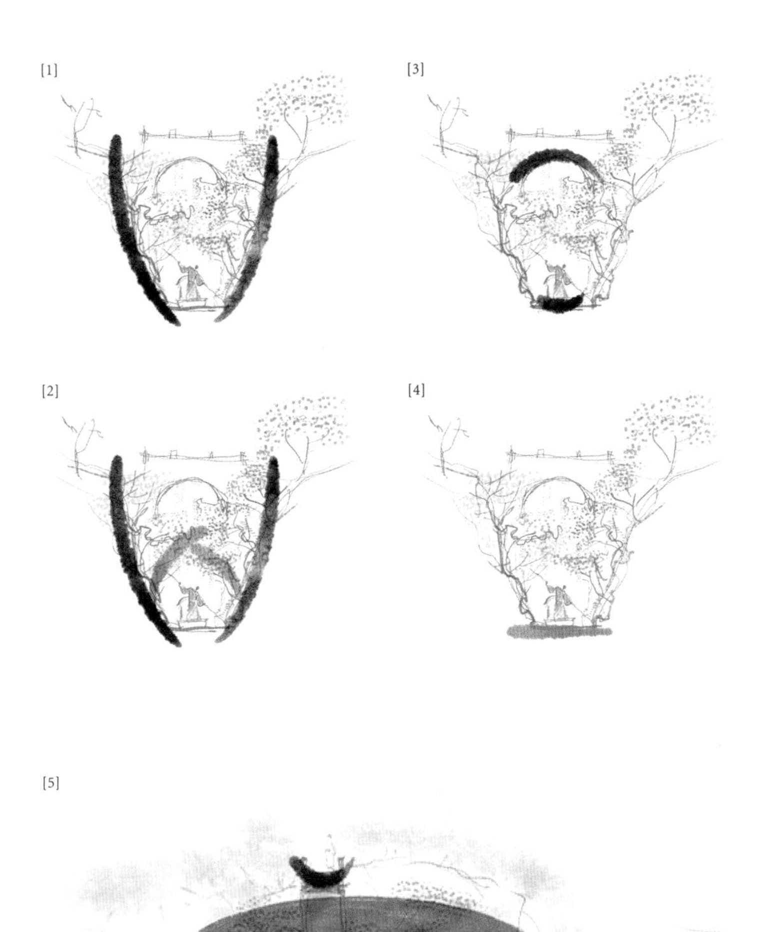
[1]
[3]
[2]
[4]
[5]

閣三面水，一面石壁，壁立作千仞勢，頂植剔牙松二，即『一字齋』前所見，雪覆而欹其一，欹蓋有勢。壁下石洞，洞引池水入，畦畦有聲，澗旁皆大石，怒立如門，石隙俱五色梅，繞閣三面，至水而窮，不窮也，一石孤立水中，梅亦就之，即初入園隔垣所見處。

——鄭元勛《影園自記》

园境·明代五十佳境·第十四境

影园 | 媚幽阁

媚幽阁

我们知道现存最重要的中国古代造园理论著作《园冶》，是由明代计成所著。影园就是计成这位造园艺术大家设计建造的作品。

园子的主人叫郑元勋，也是有名的文学家。他是计成的好友，生性喜好山水园林。《园冶》有他写的序。郑元勋给自己的影园写了一篇《影园自记》，其中有一处用石的园境“媚幽阁”。

计成在影园用石头做假山，跟别人的园子用叠石做假山不同。

在园子的东北角，有一座小阁，是半阁。半阁是什么样的阁？粗看起来，阁和楼差不多是一回事，但是仔细品是不大一样的。楼是重屋，屋子一层一层叠起来就叫楼。阁的重点在于脱开地面，是把楼板架空起来的房子。水阁是架在水面上的房子，阁道是架起来的廊道。楼的上层也叫阁，但是楼的下层贴着地面，不能叫阁，可以叫堂。阁就是架空起来的房子。所谓半阁，有两种可能：一是其地面有半部分架空，半部分落地；二是其体量很小，将屋顶做成半个坡顶的样子，形体是完整建筑的一半，就像半亭。

这座半阁三面环水，有一面是石壁。这个石壁很有势，好像有千仞高，很陡峻。大的石壁，在这个小阁的旁边，贴得很近。石壁的顶上种了两棵松树，其中有一棵冬天被大雪压斜，反而因此显得更加有势。大石壁跟小阁之间的下方，是一条小水流。水流过石头，有哗哗的流水声。水流进来以后，环绕着小阁的三面，形成一小片水湾，水湾周边又环绕着一些大石头。大石头高高地竖着，一块一块好像发怒要打架的样子。这些有劲的大石头之间的缝隙，种了五色的梅花。水湾绕着小阁的三面，石头和这个五色梅绕着水湾的外面，水穷尽的地方，石头和梅花继续往前延伸。水当中有一块孤立的大石头，梅花便种在上面。

立在水当中的石头和梅花比较高，墙外是园子东北角的园路，那里可以看见墙头上有梅花探出来。

这是明代园林用山专论的最后一例。

影园是明代最优秀的园林之一，我们将在《园境：明代四大胜园》中系统介绍分析。

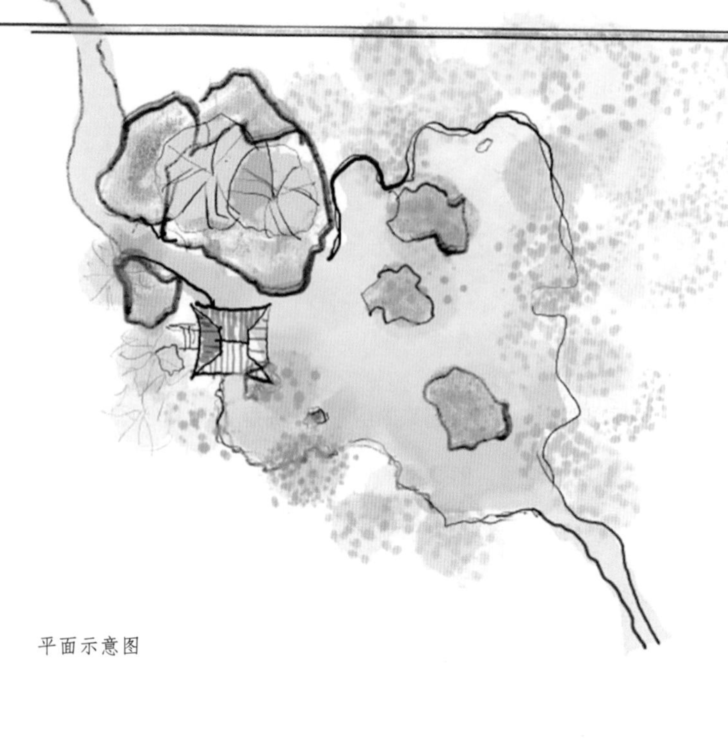

平面示意图

剖面示意图二

园境重构分析

平面重构

媚幽阁一区有一片小池，大石块夹杂着五色的梅花，环围着水池。有一座陡立的石壁高高耸立。石壁下紧靠着小阁，小阁三面环水，一条小溪从石壁小阁之间流入小池，溪流与石壁发出潺潺的流水声。

剖面示意图一

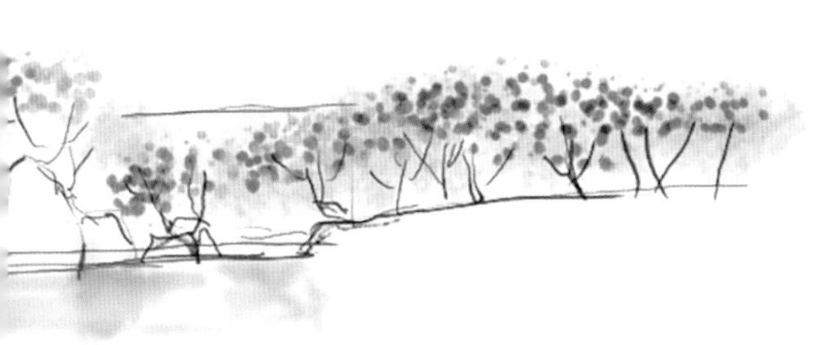

剖面重构

花下水流是很美好的景象，其中有一块大石，上边有一株梅，从墙外能看见这株梅花探出来。半阁旁的大石壁上植了两株松树。半阁与大石壁的夹缝中，溪流潺潺地流入小池。媚幽阁区域极小，但也做出了高山流水的意味。

形—势分析

主要的势：野，艳，幽。

形的条件：园的极小一角。

形的设计：

围合小池。设石、水、花、小阁，设计一点一点达成协同的势。

1. 用石：大石壁高作千仞状。小石朴野，乱布于池周与水中。用石粗野而大气。[1]

2. 用花：梅花五色，香艳明媚，却似野生，杂植于石缝之间。有的覆盖于水上，有的伸展远去。用花艳而轻、细，有野致。[2]

3. 用阁：轻巧半阁倚靠在高石壁下，架于水上。三面环水，精致宜人，与石壁反差，有山居气息。[3]

4. 用水：小池，水中有石，水上有花。小溪从石壁小阁夹峙之间流入小池，设小落差，水声潺潺，有清幽野艳的意味。[4]

5. 阁、水、梅石三圈围合。下为水，中为怒石，上为梅——上、中、下三层设景。

[1]

[3]

[2]

[4]

稍折而北，更得一潭，竟不辨所自來，但睹水際大松十餘株，秀色參天，老藤纏之，臃腫支離，與樹無別。蟠若潛龍，怒若攫龍，挂若飲猿，蓋園最勝處也。

松間一亭，軒敞特异，彭氏别設盤飧以待，物皆精好。余與諸君坐亭中望，隔河萑葦，深若無際，嘆賞久之。

——王世懋《游溧陽彭氏園記》

园境·明代五十佳境·第十五境

溧阳彭氏园 | 水际大松

溧阳彭氏园故事

明代著名文人王世贞有一个弟弟叫王世懋。他自小聪明，长大以后也考上了进士。他喜好山水园林，品位很高。对于大多数园林，包括哥哥王世贞的弇山园，他都认为水平一般。王世懋写下一篇《游溧阳彭氏园记》，园中有一处景象却令他“叹赏”。

溧阳彭氏园位于江苏溧阳城外大概五里的地方。外边是江南疏朗的田野，有水田、河流、小湖泊，高高的榆树、柳树散布在田野湖泊河流间。远处有远山，浅浅的。园的背后是竹林和松林。园在这个地景的中间，山坡连绵、水面汇聚、树木密集。

王世懋写园记的年代，园子的主人叫彭钦宇。他说他祖父彭谦小时候，这个园子已经营造得非常好了。彭家是溧阳当地的一个望族，园子在彭氏家族手上已经传了很久。从彭氏家族最早来溧阳做官的一位祖先算起，时间可以追溯到宋代。如果从那个时候就开始经营这个园的话，园就已经有好几百年的历史了。因此，园中的水际大松，既可能是自然原生的植物，也可能是彭氏家族早年种植营造的。山水环境，也是在自然条件的基础上经营出来的一片景象。他们将自然的大气做出了雄厚的力量。

这个园子到嘉靖以后又传了若干代，一直到清代以后，家族败落，园子转手。现在早已没有当年的痕迹了。

特别值得重视的是，多少代的望族经营这个园子，它的艺术方向，始终保持了朴野、自然、大气的格调。没有变得房舍密集，没有变得雕梁画栋，没有变得琐碎庸俗，这是非常不易的。园在城外，彭家虽是望族，但在文坛上并没有很大影响力。这个园虽然有品位，但开放程度可能不高，游人少。但受邀去过的人，都觉得这个园非同凡响，也许家族刻意有选择地邀请贵客游园。园并不热闹，但从史料中看，文人将它排在江南重要的名园之中。

水际大松

园林走到比较深的地方，山路一折，就看见一片水潭。水潭的岸边有古松，粗壮高大，形态遒劲。虽然松树苍古，但松针却是翠绿的，所以显得非常健壮。这样的松，不只一两株，而是一群，有十几株，一起从水边往高处伸展上去。除了大松以外，还有古老的藤，缠卷着这些松树盘旋而上。藤的主干也极粗壮，几乎跟松树的树干差不多，应当是与古松齐龄的古藤。粗壮的老藤盘到高空，就像龙在天上飞。有一些枝干从很高的地方垂挂下来，一直垂到水面。这样苍劲的老藤缠在古松林中，形成了独特的景色。

在古松林的当中，有一座轩敞的亭子。进入那个亭子，主人已经备下吃食茶水，宾主坐定稍事休息。在亭中回望水潭，潭周边的高树和浅山将水潭围起来，这水潭

场景示意图

是长的，远处延伸得很远。隔着水潭往对岸望去，它的岸边除了树和山以外，还种了很多芦苇。芦苇的景象迷迷蒙蒙的，天色幽暗时，这个水潭在山间好像伸展得看不到尽头，文中形容说“深若无际”。王世懋在这亭子里，望着深若无际的景象，“叹赏久之”不忍离去。

园境重构分析

场景重构

草亭近前苍古松林，高峻森然，粗大的古藤盘卷上下。从草亭往远处看，水池很长，越远越小，而周边的林和芦苇呈现出一种朦胧的状态。

剖面示意图

剖面重构

山丘和树木在水潭两边。水面被很高的绿化边界围合，不仅土山超过人的视线高度，山上还有层层退去的林木。远处，水岸相接处是不清晰的，隐隐地被芦苇这类水生植物所覆盖。水潭在浓郁的绿荫下暗沉沉的。

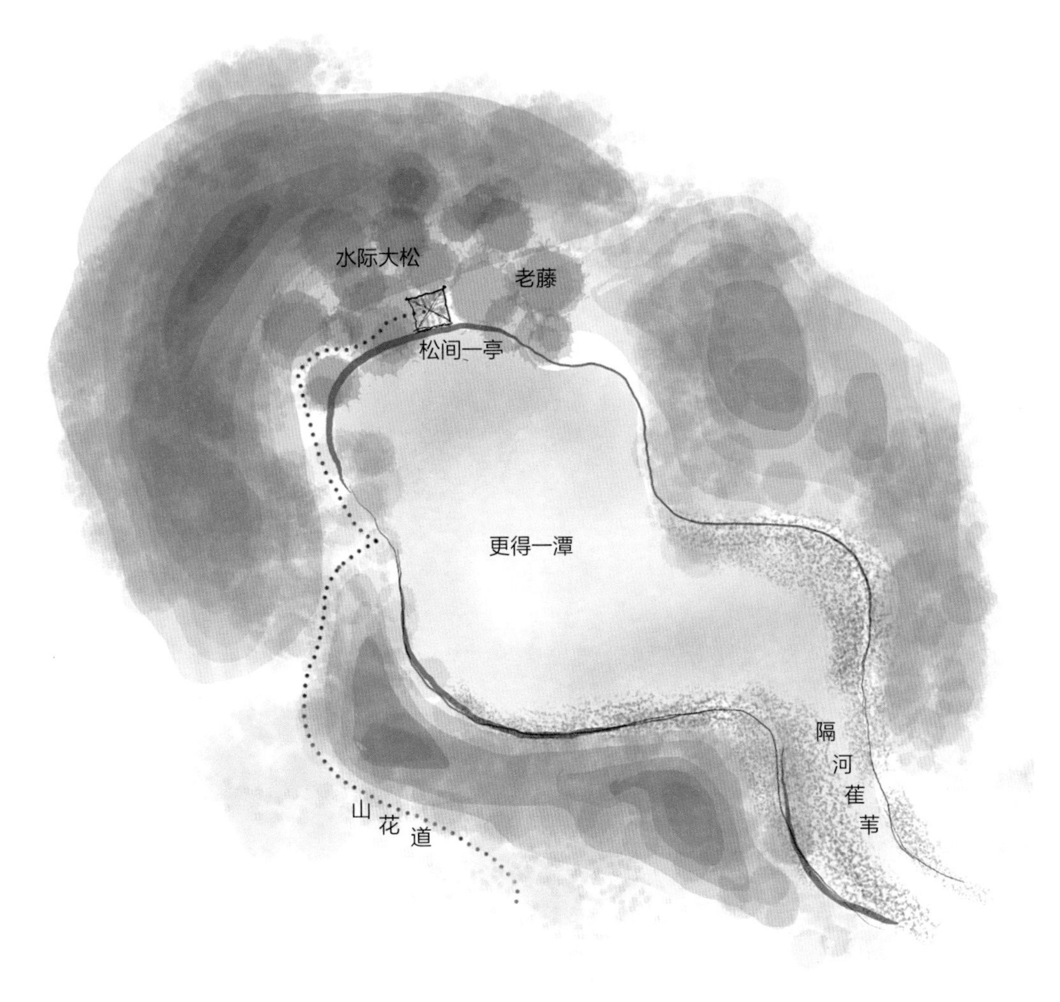

平面示意图

平面重构

长形的水潭，小山丘将它紧紧围住。山丘上满是高树林，将水潭更密实地围合起来。水潭一端，岸上有一片古松，林间有一座草亭。水潭另一端渐渐变成山丘间的长河。两岸芦苇丛生，长河蜿蜒，不知流向何处。潭边的山丘侧边有一处山坳，一条小径穿行。山坳之外是大池，阳光明媚，山花烂漫，迷醉了人眼。这是水际大松一区的来处。

形—势分析

[1]

主要的势： 深若无际。

形的条件： 山林水潭，水际苍松古藤。

[2]

形的设计：

1. 路从明媚大池区转换到水潭区。

优点：隔水见岸边古松古藤森然有深势，水潭倒影深静有深势，山林浓荫围合有深势。[1][2][3]

[3]

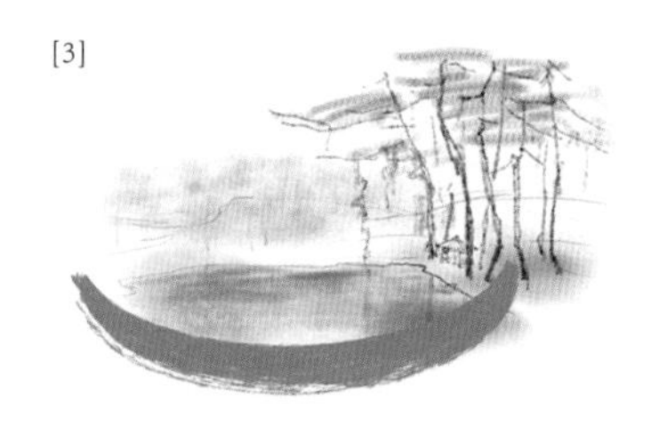

2. 古松林中建亭，引人进入。[4]

优点：进入亭中，松林古藤高大惊人，尺度有深势；松藤苍古，历史有深势；亭低矮临水，有高低反差之势。

[4]

3. 水潭为长形，远端植被与近处形态尺度反差，近处古松极为高大挺秀，远处芦苇极为细小缥缈。[5][6]

优点：长潭远岸芦苇，因远而深，植物尺度反差造成远的深势。

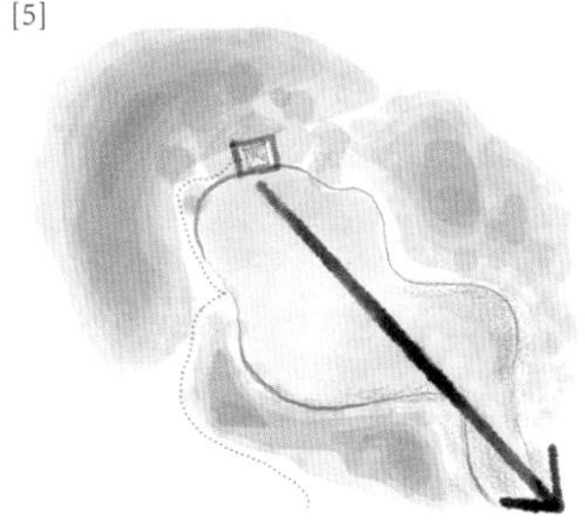

[6]

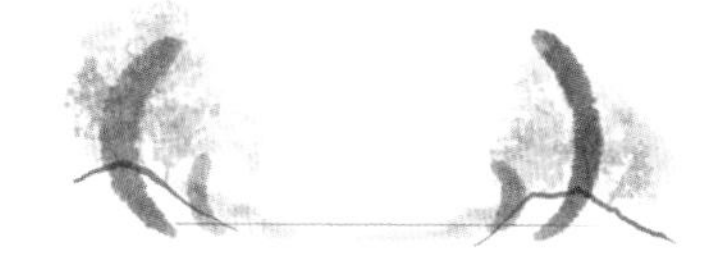

评

○ 围合的空间深，幽暗的光影深，高树的高下深，苍古的历史深，回转的方位深，视线的悠远深。深的感觉由不同维度的信息综合而成。

○ 这是少有的园境转换案例：从明亮开旷的大区转入较小幽暗的小区。从密集幽深区转入开阔明亮区的案例很多，相反的案例却很少。这个案例利用明媚开敞来衬托幽深，非常独特。

○ 明代晚期，江南园林日益人工化、精致化。水际大松苍古朴野的深势，显得卓尔不群。

潭在山半，深谷中渟，膏碧瑩潔如玉，三面石壁，下插深淵，石梁亘其上，如楣而偃，草樹蒙冪，中深黑不可測。上有微竅，日正中，流影穿漏，下射潭心，光景澄澈。俯挹之，心凝神釋，寂然忘去。……潭四周無隙，水伏流而南，出巖石之下，匯爲小池，玉潔不流，爲亭其上，曰『凝玉』。……『凝玉』之南，古櫸一株，根柯鬱蟠，磊磈如石，獨孤及詩所謂『日日紅瓊樹』者，即此。其下湍瀨瀠洄，與樹映帶，曰『瓊樹湍』，『漱玉軒』在焉。

——文徵明《玉女潭山居記》

园境 · 明代五十佳境 · 第十六境

玉女潭山居 | 玉女潭

玉女潭山居故事

宜兴地处江苏南部，太湖西岸，周边山体为天目山余脉，山高可达500至600米。其中出名的有铜官山、离墨山等。玉女潭山居位于穿石山，穿石山与铜官、离墨二山不远。山体并不高大。但山石间多空虚的孔隙，山涧急流由此得以相互流通联系，而山中又多隐蔽深曲之处，多藏有奇景，穿石山山中诸景以张公洞最为闻名，玉女潭与此不远。

玉女潭为千年名胜，谢灵运在《长溪赋》中称赞过玉女潭。自唐代起，有多位名士筑园于此。唐代诗人李幼卿在此处造“玉潭庄”，当时著名的散文家诗人独孤及为园题写匾额。唐代另外一位诗人陆希声也曾在玉潭庄常住，文学家权德舆也曾在此处造园，他称赞玉女潭的山水景色为宜兴第一。

宋元年间，此处少有造园或咏胜的相关记载。至明代，名士史恭甫在穿石山买地葬母，当地人将玉女潭一带的土地售与史恭甫。史恭甫在山中开挖山石土地，疏通引导水流，建玉女潭山居，园林尽显穿石山佳胜。史恭甫造园手法高明，使得玉女潭山居中诸景不仅美丽，而且更为奇特。文徵明为其作记，又使得玉女潭山居声名远扬。明代很多文人留下玉女潭游记，除文徵明外，还有王世贞、归有光、田汝成、邹迪光等人撰文记载。文徵明的《玉女潭山居记》一文为本案例的主要研究材料。

玉女潭

玉女潭在半山当中，是一个谷地，周围都是山。山中有一潭水，这潭水并不是袒露在地面上，而是深藏在石壁之中。它的三面石壁围合，顶上有一条巨大的天然石梁横跨，石梁之上长满了植物灌木，好像一个蓬草的大盖子盖在水潭的上方。

石洞只有一边敞开，人可以从这里观看潭水。深藏在石洞里的水面，光线很幽暗。幽暗中可以看见潭水碧绿鲜活，水质极为澄澈透明，莹洁如玉。如此透明的水，却又呈现出鲜明的碧绿色，足见水潭之深。三面石壁深深地插到下面，空间的幽暗，在阳光明媚的天气里更为明显。水潭全处在阴影之中，显得绿沉沉的。上面的草、树的间隙有一些小的亮光透下来，形成星星点点的亮光，颇为可人。晴天的正午，会有缝隙，能够让太阳光射下来，射到暗沉的空间里去，直直往下，一直射到水中，像一支光的利箭穿过黑沉沉的上空，一直射到绿莹莹的水体里。文徵明就见到了这个景象，他俯身去看潭水，光束好像穿透了绿色，顺着光可以看见水下非常深的地方，清澈透亮，好像有另一个空间，十分空灵而美丽。文徵明看得“心凝神释”，心中空明，浑然忘了离去。

看上去，这个潭没有水源向内流，四周也没有水渠可以向外流，好像是一潭静静的水体。实际上，岩石的下面有一层水可以流。这个潜伏的水流从南面流出来，缓缓地汇聚成一处水池。这水池跟潭不同，是露天的，浅浅的。但是这个水池的水，同样莹洁如玉，而且静。池边有一座亭子，叫作“凝玉”。可欣赏水质的漂亮和石质的润莹。

从凝玉向前，水流弯弯曲曲在地表上流淌。再往南，有一棵古老的榉树，这榉树巨大非常，它的根和枝干都粗壮坚硬得像石头一样，而且姿态很古怪。唐代当地的诗人独孤及在诗中说，离开了这地方以后每天都想念那一棵红琼树。文徵明认为，独孤及说的那树应该就是这颗古老的大榉树了。这在几百年前的唐代就是一棵令人难忘的巨大的树，到了明代更是一棵上千年的大榉树。这棵树像一条巨龙一样盘在那里，它的树干是深黑色的，树冠伸开覆盖广大的地方，投下一大片浓重的阴影。

古树浅流场景示意图

巨树之下，凝玉小池流出来的水，在比较浅的岩石地面上萦回，弯弯曲曲地在地表上浅浅地流，像一条闪亮的带子。水流和古树相映照，巨大的古树和下面浅薄、轻盈的浅流，又成为一种很好的景色。为了欣赏这个景象，这个位置有一座小轩，叫作“漱玉”。漱玉跟凝玉相比，凝玉是不动的，而漱玉是流动的。玉女潭是很深的、沉沉的一大块“玉”，凝玉是浅浅的玉，漱玉是开始流动的玉。这一段是玉女潭最漂亮的景色，也是自然的奇景。

园境重构分析

场景重构

漱玉轩旁巨大的古树下，浅浅的水流像闪亮的带子，从漱玉轩连接着远处的凝玉亭。

剖面示意图

剖面重构

潭水上边的岩石爬满了各种植物，草和藤都蒙在上面。在阳光明媚的时候，偶尔透过树的缝隙落下来一两束阳光。由于环境非常幽暗，阳光显得明媚锋利，像利剑一样射向阴暗的洞穴里，射到水面。水非常清澈，光线继续穿过水体往下，引导着人的视线向下，穿过透明的水体，就看见非常深的水下明亮起来，深不可测，似乎水下另外有一个空间。

形—势分析

主导的势： 静。

协同的势： 深、清、神秘、微动。

形的条件： 山中自然的奇洞、奇水、奇树。

形的设计： 引导水流而观。[1]

[1]

评

○ 水质极清而丰沛——清澈而静。

○ 深潭幽暗，光束如剑，奇特神秘——摄人心魄的深静。

○ 深潭水与石上浅流组合，微动反衬沉静——寂静。

○ 微动的浅流与巨大如磐石的古树相映带——旷古而静。

湍流西下，折旋而南，屬于灣；碕石累屬，如龍馬下飲，如砥柱中矗，水奔注激射如斗。再折而東，水益駛，石亦益奇，夭矯如虬蟠、如鼉奮。飛流噴薄，濺沫成輪，聲震蕩如行峽中，曰『虬鼉峽』。

——文徵明《玉女潭山居記》

园境 · 明代五十佳境 · 第十七境

玉女潭山居 | 虬鼍峡

虬鼍峡

过了玉女潭，水从漱玉轩旁的大榉树往南流，又折向西，往山下流。渐渐地，水比较急了。水流向下，再折向南，进入一个峡谷。在这个地方，园主垒起奇石，奇石形态古怪凶猛，就像怪兽弯着头饮水。水在峡谷中越流越急，冲到这些怪石上，喷射出很多水花，石头和水流像在搏斗。折而向东，水流速度更快，下得更陡，就像扑下山的猛虎，石头也狰狞异常。峡谷越来越深，水在峡谷里冲来冲去，水花高高地喷起，在光的照耀下，激起光晕，像水光的轮子。水冲击石头，声音就像怪兽在峡谷中吼叫一样。这个地方叫作“虬鼍峡”。

园境重构分析

场景重构

玉女潭的水往山下流，越来越急。虬鼍峡让水在峡谷里与突出来的奇石凶猛撞击，溅起四散高飞的水沫。阳光照到峡谷，飞沫就像水晶一样，洒满整个峡谷。

场景示意图

形—势分析

主要的势： 猛，奇。

形的条件： 水落差，峡谷。

形的设计：

1. 叠石造峡，峡窄而陡、曲折。将流水组织成急水，在峡中乱撞——猛。

2. 峡中叠怪石，阻水，让急水与怪石冲击搏斗。水声震荡，水沫飞扬——猛而奇。

峽左右梁曰『沸玉橋』。逾『沸玉橋』而北，地多美箭，間以江梅，曰『梅竹隩』，『琅玕所』『聽玉寮』在焉。又北偃沼如初月，曰『生明池』。

——文徵明《玉女潭山居記》

园境 · 明代五十佳境 · 第十八境

玉女潭山居 | 沸玉桥

沸玉桥

沿着虬鼍峡山谷往前，有一座桥。峡谷的流水从桥洞冲过，桥从上面跨过峡谷。游人上桥，向下看峡谷中这水，水花激荡就像沸腾起来。这桥叫“沸玉桥”。桥上是欣赏虬鼍峡最好的驻足点。

沸玉桥跨过峡谷以后往北，进入山间的一处平地。地里长了很多美竹，这些美竹之间，又有不少梅花。浅浅的山壁围着这片平地，沿着山壁，有一弯溪水，从竹林和梅花间流淌过去。前面有几间房子，溪水蓄积成一片月亮形状的水池。

这是优雅平静的所在。

园境重构分析

场景重构

一片平林紧靠凶猛的虬鼍峡，反差极大的两个园境在布局上并排，获得了境的转换条件。营造一座高桥跨过峡谷，沸玉桥完成了园境转换。

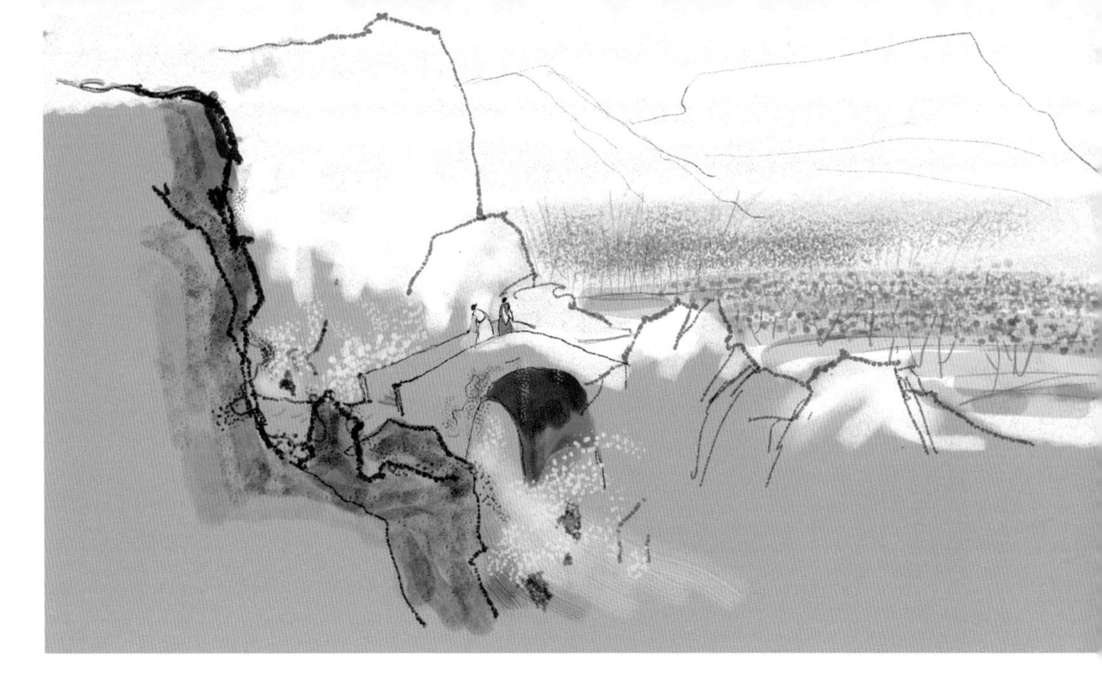

场景示意图

形—势分析

主要的势： 激扬与悠然的转换。

形的条件： 峡谷水泻，旁有山间平林。

形的设计： 一桥高跨峡谷。

[1]

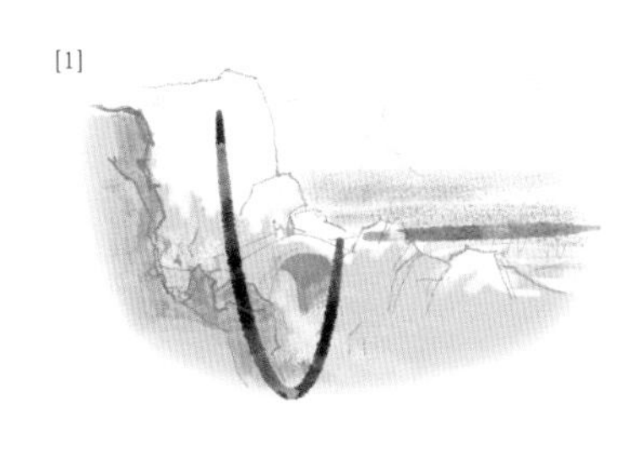

[2]

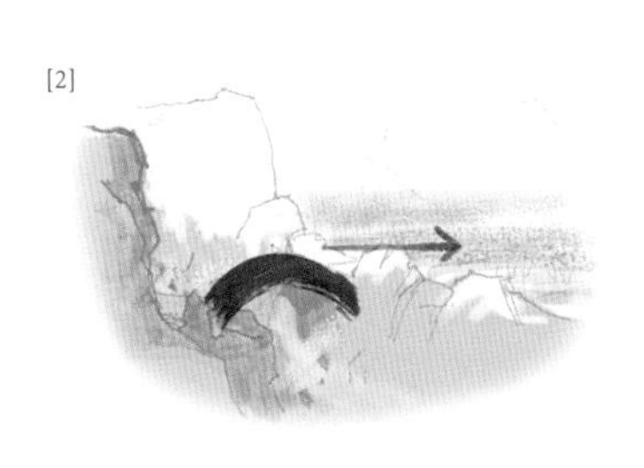

评

○ 激流峡谷与平林小溪两个园境，得到转换，激流以平林做结尾。[1]

○ 激流峡谷的赏景获得一个高潮：从高处俯瞰。

○ 桥在形态上给虬鼍峡的空间环境创造了一个高高的标志建筑，峡谷更加有势。[2]

○ 平林区平淡无奇，因与激流峡谷组合，反衬而有势。

爲灰堆山……有『聚景亭』，上望北山及宮闕，歷歷可指。亭東隙地植竹數挺，曰『竹塢』，下山少南，門曰『看清』。入『看清』，結松爲亭，逾松亭爲『觀瀾處』。自『聚景』而南，地勢轉斗如大堤，遠望月河之水，自城北逶迤而來，下觸斷岸有聲，別爲短墻，以障風雨，曰『考槃榭』。

——程敏政《月河梵苑記》

园境 · 明代五十佳境 · 第十九、二十境

月河梵苑 | 聚景亭 考槃榭

月河梵苑故事

北京西山有一座寺庙，叫“苍雪庵”，苍雪庵的住持自命为苍雪山人，道号叫道深。

晚年，道深来到北京城的东面，这月河边上有一小块地方，他选在这里造了他的园子，用作休闲养老。

这园子虽然是僧人所建，但它并不是我们中国传统上的寺观园林。园子里头并没有寺观所需要的殿堂这些要件，而是为他个人生活所设置的环境，这是不同的。但是园林里头景象的设置、格局的安排，还有题额，相比一般的文人园林更多了一些禅意，有一定的独特性。

本文所选园记为《月河梵苑记》，作者为程敏政。程敏政是安徽人，进士，官至礼部右侍郎兼侍读学士。他是园主道深很好的朋友，二人经常往来，所以他对这个园子体会得很细致。这篇园记流传得也比较广。

北京城内有大量的明清园林，城外园林以西北居多，城东比较好的园林比较少。这可能是一个颇受欢迎的园子，文人雅士留下一些诗文。

月河梵苑这个园子地势起伏、树木茂盛，灰堆山是全园最高、景象最好的一个地方。这条山路从下到上，还有各种好的小环境，有竹、有泉、有下棋的地方、有弹琴的地方、有苍雪亭、小浮图，诸如此类。

聚景亭 考槃榭

这个案例的位置在北京城东朝阳门外。明代曾有一条月河，从东北面现在的亮马河这一带通往东南边的通惠河。园子在月河的东岸，它离开城，又隔着月河。园里有小山，地形起伏，小山叫作“灰堆山”。园境依照地势布置，人沿着山坡往山上走，沿途欣赏各处园境。

山顶有一座亭子叫作“聚景亭”。在这亭子上，向南方可以俯瞰全园的大体格局和多处建筑。从亭上向西望过去，远远地看见北京的城墙城门。再往远处，就看见了北京城内的帝王宫阙。天气特别晴朗时，向西向北穷目，能看见北京西北面非常远的地方，西山延绵。

从聚景亭出来，后面有一小片疏朗的竹林，叫“竹坞”。有石台阶引人向下，地势很陡，弯折向下颇深。来到山脚下向南转，竹林边有一座门，叫“看清门”。

门外平地上一片松林，松林中间联结松树的枝干搭起了一座小亭。过了小亭，

前面变得开朗，已经下到了月河岸边，可以看见月河的流水。这里叫“观澜处”。

园子就在月河的东岸。灰堆山北面坡势平缓，山南面地势很陡，像一条大堤。从观澜处看，月河水从城北面逶迤而来，像一条带子。“观澜处”岸边岩石凸起，岸线转折，水流冲撞岸边的岩石，有浪的声音。岩石上做了一段矮墙，风急雨大之时，作为屏障。有此短墙，人可以倚靠矮墙安心观水，非常舒适。倚墙向北面看，长长的月河，从很远的北面流过来。这个矮墙做得酷，题名为“考槃榭”。

聚景亭 场景示意图

园境重构分析

场景重构（一）

亭在山顶高处，榭在山脚河岸低处。

从高处的亭远看，看北京城和城内的宫阙以及遥远的西山。聚景亭高而望远，虽然小园子邻着河，但因树木掩映，在聚景亭上却看不见河。

竹林 场景示意图

从高亭到低榭，小径石阶坡下，

经历竹林、松林、看清门和松亭。

看清门 场景示意图

考槃榭 场景示意图

场景重构（二）

山脚观澜处在长河曲折的岸边，考槃榭是观澜处临水而建的矮墙。人倚靠水榭俯瞰，见水流撞击脚下的岩石；平看，河水流淌；沿着河面再向远看，看见它从城东面逶迤而来。这个是“低而远”的地方。

形—势分析

[1]

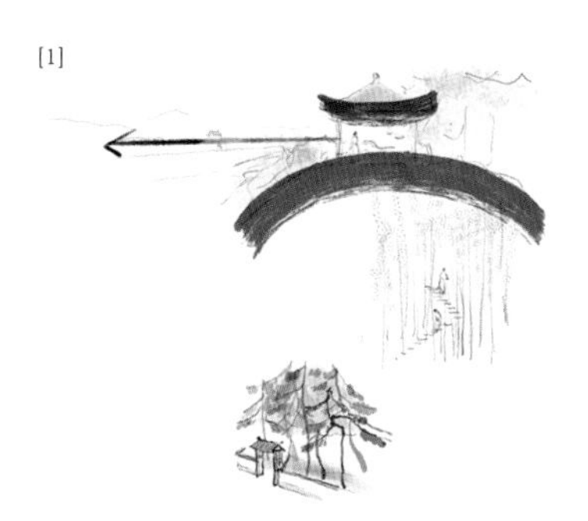

势的要点： 高远，低远，深。

形的条件： 小山在长河弯曲处，远处有古城。

[2]

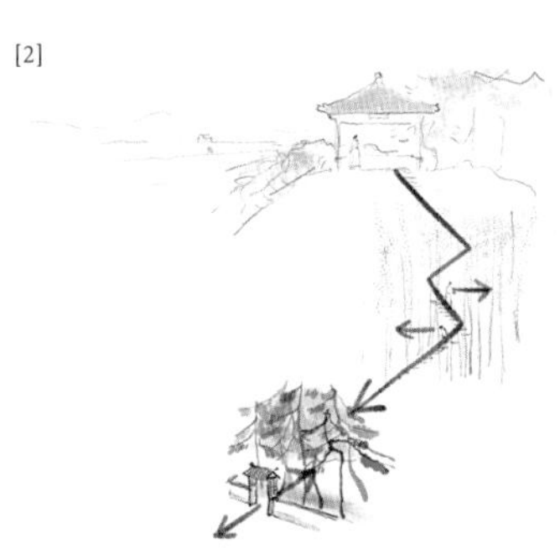

形的设计：

1. 高点设亭，亭高于树梢；望远处宫阙，更远处西山——高远。[1]

2. 从高处急转下山，穿竹林松林到达低处，过看清门、松亭。不能远看，只能看脚下——深。[2]

[3]

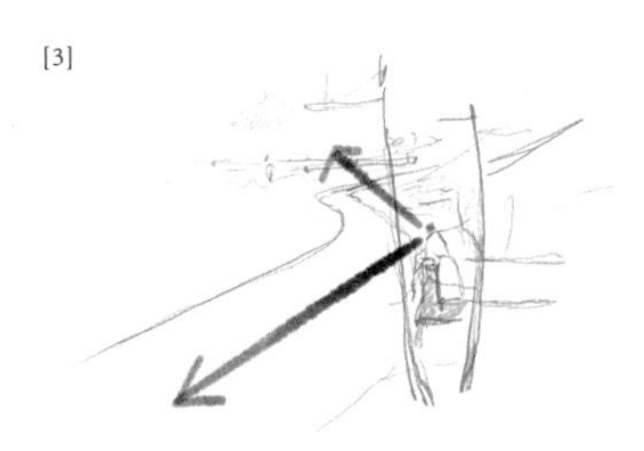

3. 河岸设榭，近水面。俯瞰波澜，平看长河远接古城——低远。其低远之远，几乎不输于高远，形的条件难得，营造够巧。[3]

環玉蘭塢而北，有堊塗其室。室等樓之制，而諸品梅花離列左右，春時清馥逼人，如刺小艇艤孤山下也，爲梅花舫。自梅花舫折而東，爲山後小徑，而迫于池上。旁夾青松，中方廣一丈，甃而欄其外，卧石蹬二，可坐而當舞雩，爲松風崖。

——徐學謨《歸有園記》

园境 · 明代五十佳境 · 第廿一、廿二境

归有园 | 梅花舫 松风崖

归有园故事

归有园建于苏州府嘉定县演武场西南侧，现已不存。

嘉定，秦代属会稽郡娄县，隋唐时属苏州昆山县。南宋嘉定十年（1217）置嘉定县。1958年由江苏省划归上海市，1992年撤县设区，即现在的上海嘉定区。

嘉定南襟吴淞江（虬江），北依浏河，境内河流汊港众多，自古长途运输皆依水路，“商人而来者，舳舻相衔”。

嘉定文化氛围浓厚。宋代宣和年间，嘉定境内即有岁寒吟社。明代嘉靖年间，归有光讲学于安亭，从者甚众。万历天启年间，“嘉定四先生”唐时升、娄坚、李流芳、程嘉燧的诗文书画受追捧。至清代乾隆、嘉庆年间，则有一代大儒钱大昕、王鸣盛。

园主徐学谟（1521—1593），嘉定人，原名徐学诗，字叔明，一字子言，别号太室山人。生平跨嘉靖、隆庆、万历三朝，嘉靖二十九年（1550）进士，授兵部主事。历荆州知府、湖广布政史、刑部侍郎，官至礼部尚书。万历十二年（1584）归于故乡，构一园，取韩愈“近世士大夫以官为家，罢则无所于归”之句，名其园为“归有园”。徐学谟晚年诗文集为《归有园稿》。万历十五年（1587），王世贞游嘉定，徐学谟邀宴于归有园，王世贞于《游练川云间松陵诸园记》一文中记之。

本案例主要研究的材料是徐学谟的《归有园记》，王世贞的《游练川云间松陵诸园记》作为参考。

梅花舫 松风崖

归有园是一个比较小的园子，位于园主徐学谟的宅后边。

从玉兰坞再往北转，地势渐渐升高，这里有一座小楼。小楼用白色的涂料粉刷，周边种了各色梅花。小楼稍高，不是在梅花树下，而是高出梅花，探出身来。园主人说，它就像一只小船，浮在一片梅花海上面。早春梅花盛开的时候，打开窗户，梅花的清香全都透到房子里来。

宋代，杭州西湖一位有名的文人叫林逋，隐居于孤山。他在孤山下种了很多梅花，放养仙鹤，传为佳话。园主人把自己园中的这个白色小房子比作孤山下停泊的小船，叫“梅花舫”。

从梅花舫再折向东，有一条小径。小径转入山坡的北面，一边紧靠着山崖，另一边临着一片池塘。小径地势略高，池塘水面比较低，池塘水面和小径之间是崖壁，

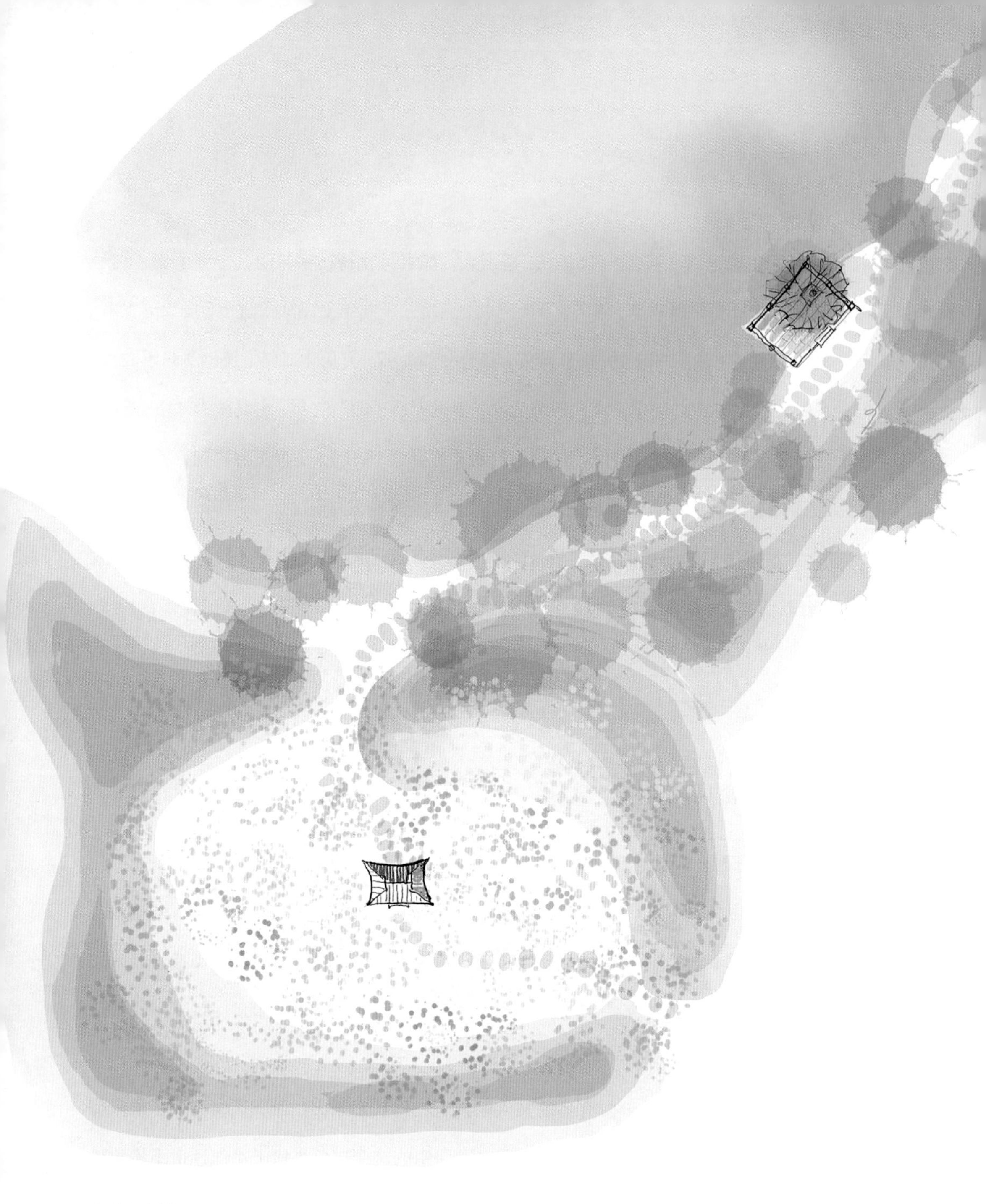

平面示意图

小径两边松树夹道。沿着这条小径走，一边是松和崖下面的水面，一边是松和高上去的山坡。小径在山坡的北面，也就是阴面。

在前面山水之间，有一个小小的平台，大概有三米见方，用石板铺平，又修建了栏杆。平台在松林中，临着水池，在此可以休息，或者读书吟唱。园主人甚至想象像孔子的学生曾点所说的，青年人在春风中玩耍。

这里命名为“松风崖”。

园境重构分析

平面重构

两个境紧邻而错开。

这里土山环围，如一个浅浅的盆地，里边很多梅花。在梅树中央，建小楼梅花舫。

过了梅花舫，由北侧去到山后。山后北面有一个大池，这些小土山围着池边，山上是松林，小路沿着池边。小路中段有一个平台，叫作松风崖。

梅花舫 剖面示意图二

剖面重构（一）

小楼，楼上空间很小。一推开窗，视线的高度正好在梅花的上边一点。从窗看出去，梅花成一片花海。建筑涂成白颜色，小小的一个楼像浮在花海之上。

梅花舫 剖面示意图一

松风崖 剖面示意图

剖面重构（二）

松风崖在山后池边，池区在土阜松林的环围之中。松林覆盖高处，水面在低深处，池岸为崖壁。崖岸松林间，显得深幽而晦暗。平台较小，却能领略池山之概。

形—势分析

两境势的反衬：闹—静，浮—深。

形的条件：土阜微起伏，有池。

[1]

[2]

梅花舫

形的条件：浅盆地。

形的设计：

1. 诸品梅花种满盆地。[1]

2. 中建楼，略高，刷白，探出梅花。

优点：

○ 梅花被地势所围，集群感突出，初春花闹。

○ 小室在梅花中略高，浮出梅花，成为花海中心。

○ 窗高于梅花之上，开窗清香袭人。

○ 阳光明媚映衬白房子，明而开旷。

[3]

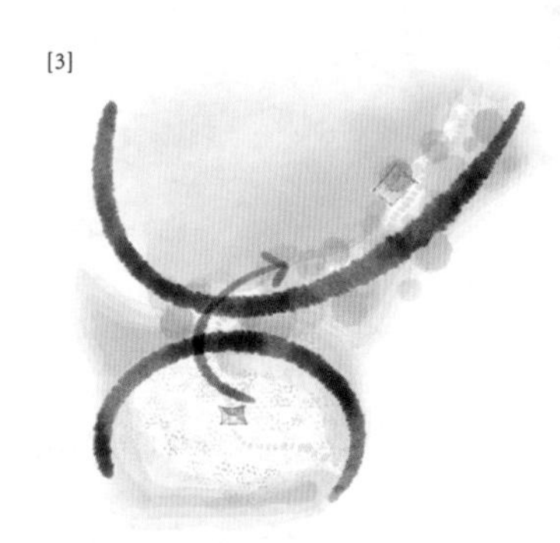

松风崖

形的条件： 土阜松林围深池。

形的设计： 建小平台偏于池岸，靠松岭、临深池。[2]

优点： 台在池侧，却成为池区中心，可赏池山全景，可吟咏驻留。

梅花舫到松风崖的转换

势： 明—晦、阳—阴。

形的条件： 小山起伏相隔，山后有池。

形的设计：

1. 随地形分为山前山后两境。[3]

2. 山前花，山后松、池。

3. 山前花间小楼，山后深池小台。

4. 小径穿两境。

优点： 两境反差大，转换突然而又自然，互相彰显。

辟堂扉而北，則杳然別一天，爲大方池，中浸芙蓉、菱、芡。左右石門以入山，分爲二橋，各有亭踞之。其水左深入石澗，爲石梁以度，抵一崖而止，崖前甃磐礪，蓮花引水浮杯，渺渺自崖隙出；水右度橋而窮，復爲深澗，上橫石以道，而西抵礬石山，被以白華，曰『雪山』，諸山輔皆土岡，委曲抱麋逕，若率然之脊，萬松鱗鬣之。

——王世貞《先伯父靜庵公山園記》

园境 · 明代五十佳境 · 第廿三境

静庵公山园 | 大方池

静庵公山园故事

静庵公山园在苏州太仓，是明代王世贞的伯父王静庵的园子。王氏家族称琅琊王氏，从魏晋时期就是名门望族，历经唐宋，到元明时期迁到苏州昆山一带，世代显贵。《明史》上说王世贞的祖父德量宏远，才识过人。

王世贞的父亲出外为官，他的伯父王静庵在家侍奉祖父。王静庵对造园非常有兴趣，而且很有品位，差不多有30年的时间都在营造打理这个园子。

王世贞外出做官，中年回乡，这时伯父已经去世多年，堂弟请他一起去看园子。园子里面，石头塌了，花木荒了，房子也旧了，一片颓败的景象。他和堂弟在石头桌边喝酒，两人相对无言。过了很久，王世贞安慰堂弟说，你看宋代李格非写的《洛阳名园记》记了那么多名园，结果别说传到园主的子孙后代手里后怎么样了，记完了这些园子以后没有多少年，女真人就攻夺洛阳，这些园子很快就落败了，看来园林都留不长，没有办法传下去，所以你也不要难过了。

王世贞又说，伯父的园子虽然有点颓败，但是园子还在你家手里，并没有被别人图谋了去，所以我们尚可聊以慰藉。堂弟想想，也确实是这么一回事，然后就说，洛阳那些园子虽然不存在了，但是李格非的园记使我们觉得这些园子好像栩栩如生。我们这个园子也不见得能长，但是兄长您的文章是出名的，可以在天地之间流传得长久，能不能请您把我父亲的这个园子写成一篇记，让它传之久远呢？王世贞说好，那我来写。过了两年，这篇园记就写成了。

《先伯父静庵公山园记》是王世贞比较早写的园记，那时他自己还没有开始营造他的弇山园。从他少年时看到这么美的园子，到中年时看见园子凋零颓败，这种景象一定触动了王世贞。后来他将园记作为他文学创作的一个重要方向，游访和记写了很多园林，留下不少园记，而且还编了《古今名园墅编》，编辑了历代名园的诗词三千首，文章数百篇。兄弟二人废园中的对话，应该是后来这些成就的起点。

大方池

《先伯父静庵公山园记》是明代文坛后七子之一王世贞的一篇园记，记的是他伯父王静庵的园林。这个园子叫静庵公山园，王世贞写下这篇园记时，园主已经故去了。王世贞记得少年时在伯父的园子里见到的种种美景，其中有一个景象令他印象特别深刻。

园中有一座堂，堂是园子里最主要的建筑。堂前面，平台上有奇花和石头，东西两面都是竹林。

进入山堂内，把堂北的门推开，杳然是另一片天地。堂后是一个大方池，对面是蜿蜒的山岗围着池子，满山都是高高的松树。池左右两面是叠石山相对，围着大方池。其中，西面的叠石山是雪白带彩色的石山，用结晶状的矾石叠成，山上被如白雪一般的大片白花覆盖，这座晶莹漂亮的山叫“雪山”。堂后平台左右两面是叠石的门洞，过了门洞，各有一桥跨水，桥上各有一亭，左亭右亭可以互望，松林、叠石山、雪山都在方池中有美好的倒影。堂后的大方池是一个又开阔、又围合的，大气而安宁的园境。

从细节看，东边穿过门，跨过桥，下面是山涧，渡过一个石梁可以进入石山中。山中崖壁围合了一小片空间，像深山的峡谷，水流进来，做成曲水流觞，再从山石缝隙中流出去。

从西面石门穿进去，跨过桥，就被下面一道深涧隔断，上面又架了一条石梁，再往西走就可以上雪山。这个山不寻常，由彩色结晶体的石头堆成，艳丽非凡，在明代园记中只看见过这一例。

天气晴朗时，可以想象松林翠绿，阴影浓重，雪山耀眼，蓝天高旷，池水深沉，还有倒影、荷花，美景明艳动人。同时这又是非常沉静的一个围合环境，美而静，可以长时间独享。

平面示意图

园境重构分析

平面重构

堂在南面，堂前是平台和花卉，两边是竹林。堂后设置了一个大方池，北面有一座土山，山上是万松林。堂与土山万松林将方池南北围合，方池两侧对称布置了两组叠石山，堂后平台有两个对称的石门、两座对称的石桥，桥中对称设置了两座小亭，可以对望。

东侧石山内有空谷，沿着小桥进入，山谷是一个山水环抱的环境，石壁耸立。地面刻槽如莲花形，引小水到槽中成曲水流觞。西侧石山用矾石叠成，晶莹剔透。桥跨过山下的深渊，向上到达西侧石山之上，山上种有白花。这种对称的平面布局，通过不同的设计手法，使得平台规整而又体验丰富。

场景示意图

剖面重构

北面的土山上长了很多松树，松树比较茂盛，阳光照在松林上，树冠之下成为阴影浓密的地方。土山蜿蜒的山体也处于阴影中。由于水面倒影，整个大方池会反射松树的阴影区，使得池水变得深沉，方池获得一个很深沉的势。而池水其他部分反射了天空，又显得很明亮。西侧的矾石山显得明亮，东侧有空腔的叠石山则是晦暗深沉的，人位于堂后阴影中，眼前的景色呈现出优美的明暗组织。

在早上或者傍晚太阳斜照的时候，光线又赋予了这里更多变化的可能性。两侧桥亭的设置，增加了形式感，也丰富了观景的视角。水池中种有荷花和菱花，以深沉的水面作为背景，而阳光又照在它们身上，更加显得明艳动人。

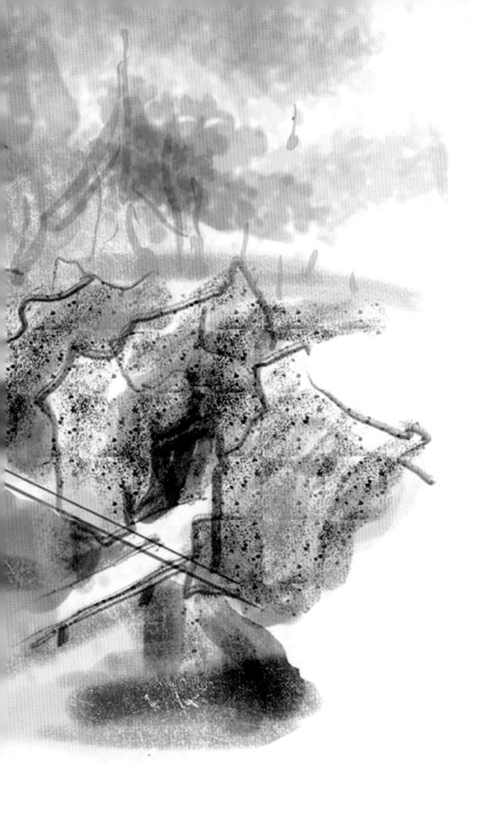

剖面示意图

形—势分析

[1]

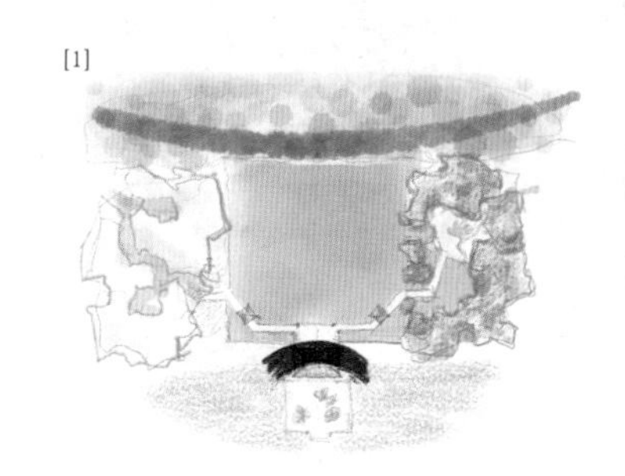

势的要点： 沉静、明艳、大。

形的条件： 平地园，有土山松林。

形的设计：

1. 堂后大池，池后山林。[1]

优点：○ 堂后，大池令人惊讶。

○ 山、堂对池形成围合之势。

[2]

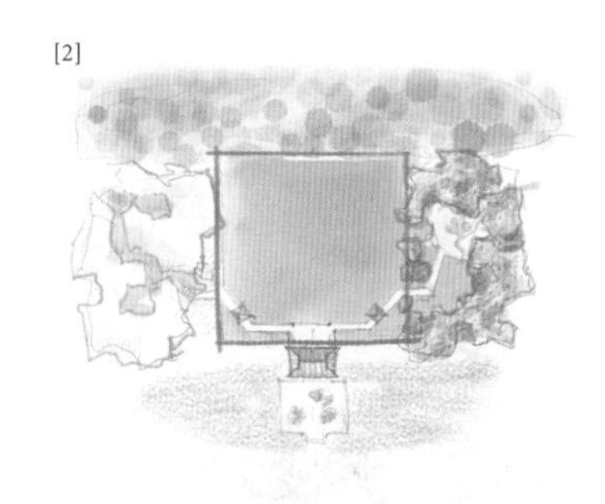

○ 山、堂隔池相对，获得“对”的势。

○ 松荫倒影，使池水深沉，池水有明有晦。

○ 堂后平台在阴影中，面水，凉爽怡人。

2. 池为大方池。[2]

优点：形成大势。方池有形势感、力量感。

3. 池左右叠石山，两山不同。[3]

[3]

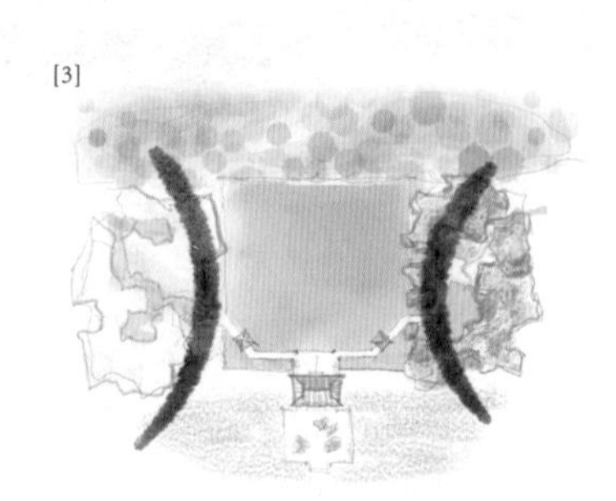

优点：○ 围合大池空间。

○ 形、色丰富。

[4]

4. 左右路设计，二门、二桥、二亭。[4]

优点：○ 通往左右石山，套叠空间，别开佳境，成空间群。

○ 获得左右观景视点，左看、右看，给方池以多变视角，配合阳光、倒影，生机不断。

○ 造形上，形式感强。

5. 池中有荷花，菱花。

优点：深沉池水面上，反衬阳光下红花，花小而艳。

6. 矾石山。

优点：○ 晶莹，雪白，有明艳之势。

○ 万松林的深沉在旁反衬。

评

○ 用园林作为参佛的环境。

○ 堂前世俗平庸，堂后佛教天国之境惊艳。

○ 用势来指导园境设计和实践。

○ 不是一般园林追求曲径通幽的趣味，而是大、美、宁静、明艳的趣味。品位高，出人意表。

专题五 | 堂池山

园林中的建筑，常说就是亭台楼阁。但是我们研究的明代园林，堂几乎是必有的，是最重要的。多数案例的堂，与园林之外的堂有同样的特点，带有一种制式：轴线、对称、朝南，堂的前面为阳。园林中做山做水，曲径通幽做奇境，而做堂却是建园的重点。堂这样一种制式加入园林后，有了什么变化？带来了什么效果？我们选了三个案例，来看看园林中山、堂、池的关系。

露香园碧漪堂：场地中有大土山，植物茂密。堂在大土山之南，堂前有台，设置奇石花卉，往南为大池，池南大叠石山。堂背靠大土山，堂前隔大池与叠石山相对。堂前堂后皆重，因为池大山大，景观效果较好。

溧阳彭氏园山堂：堂后少量叠石与植物，堂南平台，台南方池，方池之南为山，山上竹树茂密，山顶设亭与堂相对。堂的重点在于南向隔方池与山林相对，还有小亭在山上回首与堂再相对。堂前为重是园林常规做法，效果如一般园林。

静庵公山园堂：池与山均在堂后，轴线向北发展。堂背大方池，池之北，万松冈。山与堂将池的南北围合，形成了山与堂背隔池相对的对峙之势。而方池的左右，再以高水平的叠

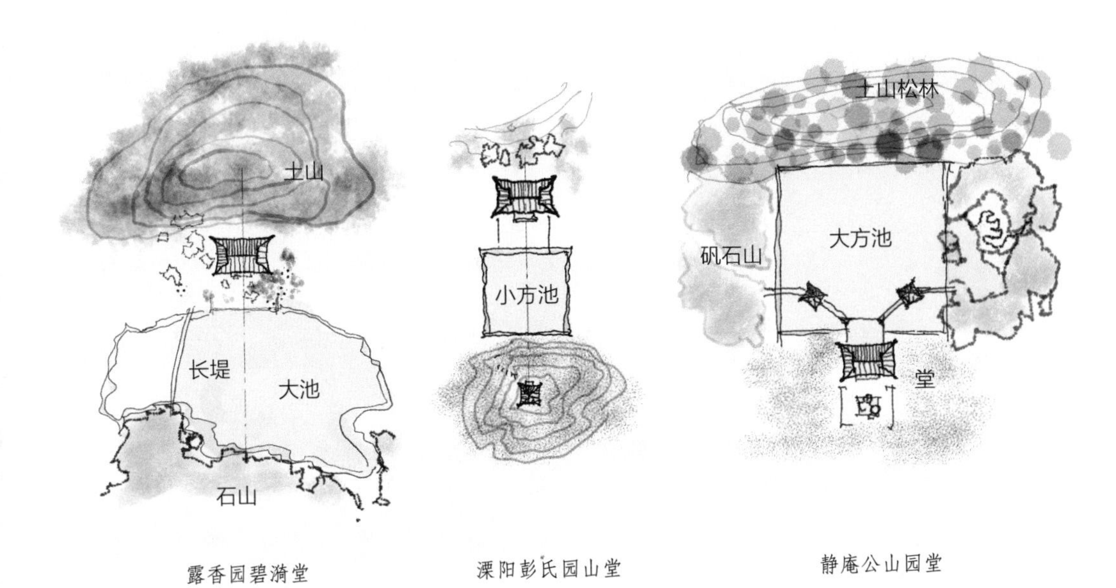

露香园碧漪堂　　溧阳彭氏园山堂　　静庵公山园堂

石山相对围合。在堂背，形成一堂三山围方池的大格局。而堂前，只有平常不过的竹林小台花石。堂后境界，杳然别一天地，给人很深刻的景观印象。

在园林中，堂仍然有南向、中轴的特点。中轴线的延伸控制一个区域的格局。中轴线延伸向南居多，也有向北。延伸格局的构成以山水为主，那就是堂与山水向南、向北、向左右来构成格局。也有奇特的格局如豫园的乐寿堂，格局很正，却从履祥这样的流线进入。堂在园林中所对应的，所控制的，所影响的都以自然要素为主。端正对称会很快就消失融化于自由的自然环境中。

轴线的建立靠设计一座堂。而轴线在自然环境中的延伸与消融，则是设计的可玩之处。借此，可以创作出各种园境。

在山论最后我们说到，山在园林中成为基本的空间骨架，主导着园境的形成、区分、转换、曲折、穿插和连接。堂，可以说是园林中另一个主导的因素，它的营造影响了其前后左右。堂与山两者的关联组合、园境营造产生的多种可能性，两者的关联常常使一些园境显得重要。

山之陽壁立數十仞，皆石也。蓋居中而南面，故名石壁山。舍後阻商溪，既濟，則山之麓也。緣麓而臚列者九，其中爲石壁山堂。主人舉丈夫子九人，人授其一，此其外舍也。東爲衆香閣，則仲氏以奉瞿曇。澗道由遮源而入，商溪出山堂後，渡澗則樹屏，而左右户當山堂。爲九苞堂，堂閎以深。其背乃面石壁。水累累出石罅，故曰『珠泉堂』。上爲翔覽樓，交疏四望，翼如也。主人故以鳳德稱，其名則余竊取之矣。樓當絶壁，刓山爲清嘯亭，遠眺黄白諸山，出晴雲，若青蓮可攬也。九苞之右，石楠生焉。就隙地爲鶴林，就澗之西爲浴鶴澗，由石楠而上爲居業軒，軒後多長松，爲松門以出。

——汪道昆《季園記》

园境·明代五十佳境·第廿四、廿五境

季园 | 九苞堂 清啸亭

季园故事

季园在徽州府休宁县商山（今安徽省黄山市商山镇），园在天然胜境间，为徽州名园中之著。

徽州府置郡的历史最早可追溯到秦代，秦时名叫鄣郡，下辖五个县。吴时称为新都郡，下辖六县。晋代改称新安郡。隋代以来称作歙州，直到宋代宣和三年才改称徽州，下辖歙、休宁、婺源、祁门、黟、绩溪六县，歙县为郡治。后来元、明、清三代基本沿用了宋代“一府六县”的建制。今均属于安徽省管辖。

徽州府内大部分都是山地，万山攒立，峰峦竞秀。黄山、白岳一北一南，是徽州府最奇绝的山。黄山有七十二峰、二十四溪，峭壁千仞，明代地理学家徐霞客盛赞道："登黄山，天下无山，观止矣。"白岳有三十六峰，处处可访幽探奇。白岳还是道教胜地，与江西龙虎山、湖北武当山、四川青城山并称"中国四大道教名山"。

府内耕地非常稀少，依靠农耕不足以支撑徽州人的生活，而新安江及其下游的水路密织，将徽州与富庶的江浙地带联系起来，水运的便利促成徽州人外出经商。

明代徽商已经发展成资本最雄厚、经营行业最广泛的商人团体。徽州从南朝起开始种茶，到唐代已经以茶闻名，茶业成为徽商经营的主要行业之一。明代成化年间，徽商在盐业的经营越来越强势。此外徽商还经营文房四宝、粮食、布匹等多种行业。明代中期开始，无论营业人数、活动范围，还是经营行业与资本，徽商都居全国各商人集团的首位，经商成了徽州人的"第一等生业"。

明代徽商不仅资本积累得非常雄厚，对儒学也十分尊崇，有“十户之村，不废诵读”的文风。“贾而好儒”是徽商的特别之处，徽商在外积累财富，回乡兴办私塾、祠堂，推广教育。很多商人自幼就接受很好的儒学教育，明代很多徽商鼓励子弟考取进士做官。

有了雄厚的资产，徽商在家乡兴建土木，他们府邸宅院富丽，雕饰精致，从保存至今的明清古建筑可见一斑。徽州山水秀丽，有天然的造园条件，又受到杭州、苏州、扬州造园风气的感染，休宁歙县的造园活动非常兴盛。明朝徽州有朱氏遵晦园，有吴氏曲水园、季园，有汪氏遂园，有孙氏荆园，这五个园或取山居佳境，或人工巧做，明代著名文学家汪道昆给它们一一撰记，传诵天下。

休宁县在徽州中部，商山在县城东南三十里处。此处盆地和山地交界，山多俏丽，山下溪水萦绕。明代时商山富甲徽州，那里的屋舍在郡中最为华丽，很多家还另有别业。商山不仅巨富，而且文化兴盛，名流辈出。宋代商山吴氏就有吴授、吴儆、吴俯三进士。吴儆、吴俯诗文出众，有人称“眉山三苏，江东二吴”，将他们与“三苏”并称。

园主吴季子是非常富有的徽商，明代李维桢称其“素封家可千记”，即没有官爵封邑，却富比封君。明代嘉靖年间他被御赐中书省，甚至不受诃问就可以出入宫内。他的学识丰富，文章美秀，喜好雅游各地，各种宫室苑囿，名山大川，没有他没见识过的。嘉靖年间，园主吴季子买下水边平地，分给各个兄弟盖房，剩下的山边隙地自己建了这个园子。园主在兄弟之间排行为季，又在季年（即晚年）修建此园，取名“季园”。

王世贞曾游季园，被园中奇美的白牡丹所吸引，赞叹不已。

本案例研究的主要材料为明代汪道昆的《季园记》，另外汪道昆的《荆园记》和李维桢《雅园记》有部分关于季园的叙述，其余概况资料参考明代《徽州府志》和清代道光年间的《休宁县志》。

九苞堂 清啸亭

这是一个比较奇特的案例，其位置在园主的家宅房舍后边。这里有一座山，这座山的南向，石壁陡立，高度近百米。山并不是大山，但是因为石壁陡立，所以很有气势，在周边的群山和地景中看起来很重要。园主人就把山和山前的这块地用来做他的园林。山势奇，园的做法也比较奇。

园中沿着这个朝南的陡峭石壁，连续建了九座堂。家中父子九人，每家一座堂，九座建筑排成一行，与石壁山体相对而立，围合成一个长条的环境。长条的东端建了一座楼阁，叫作“众香阁”，用来供佛。园主人把从山那边流过来商溪水阻断，引到石壁山前，让溪水从石壁山崖和九座堂之间流过去。九座建筑中央那间最大，叫“石壁山堂”。石壁山堂的背面有溪水流过，溪水北面，高高的一大排树木，像一个绿树的屏障。再往北，穿过这个树的屏障，是一座更大的建筑，高大深广，叫“九苞堂”。这个堂的北窗打开，相当靠近对着山的石壁。堂下面还有一处泉水从地里冒出来。堂后面，地势升高，上去是一座楼，贴近石壁。登楼回望，视线可以越过前面的建筑，看到整体的园林布局和园外比较远的景象。

沿着石壁向东，一条小阶梯在石壁上开凿出来，到更高的地方。借着一小片平地再挖开岩石，在高处做了一个小亭子。亭子虽小，但是位置很高爽，视线可以高高越过树林，看见周边的山水村庄，远处的山历历在目，群山看起来好像莲花。这个亭子叫作“清啸亭”，主人可以在那里放声长啸、远眺，心神舒畅。

“清啸”是中国古代造境的一个典故。魏晋时期社会动荡，文人之中形成了一种虚无的玄学风气和不羁的生活态度，代表人物是“竹林七贤”，阮籍便是其中之一。阮籍生于汉代末年，三岁丧父，由母亲艰辛抚养。阮籍天资聪颖，勤学成才。步入仕途后，又因厌恶而退避，归隐山林。他爱好饮酒，终日弹琴长啸。这长啸，便成为阮籍的一大特征。长啸并不是一般的歌唱，而是高亢洪亮而悠长的啸叫。阮籍以此为长，也以此为乐，他的啸叫声响非同寻常。《晋书·阮籍传》有一段记载：阮籍有一次在苏门山遇到孙登。孙登也善于啸叫，阮籍想和他探讨啸叫时运气导气的方法。半天孙登也不说话，没有回应。于是阮籍长啸而退，自去爬山。上到半山，听见一种声音，像是鸾凤的叫声，响彻整个山谷，那就是孙登的长啸。从此，在自然大山的高爽处放声长啸，成为少数文人享受大自然的一种特别的行为。本案例中的清啸亭，就是借用了这样的典故。

九苞堂西面的山麓，溪水长流。这里原来长了很多石楠树，溪水从石楠林当中流过去。石楠树结的小果子，鸟儿很喜欢吃，园主在这溪边林下养了仙鹤。这里叫“浴鹤溪”。从石楠溪水的林子再向西，有一片松林围着一座建筑。松林中有松门，出门，山路向山上去。

九苞堂的东面，穿过篱笆向东，有一区园池。从东面一条路上山，一路景色丰富，有古藤盘在岩石上，有密密的松树林，不同的高度上有台有堂有斋。小路与清啸亭汇合向上，高处，浓荫之中有楼在高高的绝壁边，下面就临着深处从山谷穿过的商溪。再向上，到了山顶的平地，可以惬意远眺。

园境重构分析

剖面重构

山体一般是地势渐渐隆起。这里的山势是崖壁陡然立起，与平地紧接。这样的地形奇特而有势。园的设计也奇特有势：用九座堂排成一大排与山壁的对峙，这起到关键作用。山崖与平地的交界处的势被园所捕捉、利用。园在平地营造低平舒缓的园境，却紧靠着高崖，又在崖壁以及山高处，构建具有高下之势的奇绝园境。自然交界处的高与平的势，由于人的营造被放大、被细致刻画，成为园。

剖面示意图

平面示意图

平面重构

最有特点的营造，就是在山壁南面建了九座堂排成一排。九座堂同山壁形成对峙，同时也形成一种独特的狭长围合。中央一线形成明确的南北轴线，以大山岩壁为端头。东端建了一座阁楼，用一个高点围合东部，也形成了东西的弱轴线。轴线以西林为远端，没入自然。园的空间狭长而有势，园引入溪水穿流。在此框架下随水、随山、随林，向东、向西做了多种山野园境，空间狭长而多趣。

形—势分析

势的要点： 壮、奇。

形的条件： 山壁高耸，面南。

形的设计：

1. 沿山列堂九座，形成长排，与山对峙围成长园。[1]

优点：○ 格局奇特、气势雄壮，与山对应。

○ 有南北主轴线。

○ 围合成内向长条空间。

2. 长园东端设阁，收头。[2]

优点：○ 长园有端头。

○ 丰富活化九堂平板格局，形成东西轴线。

[1]

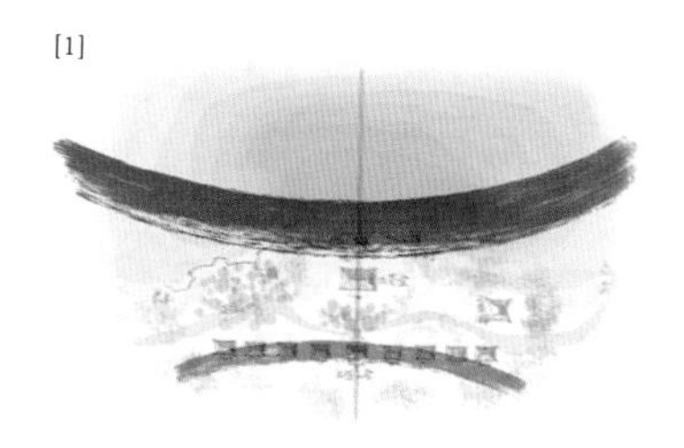

[2]

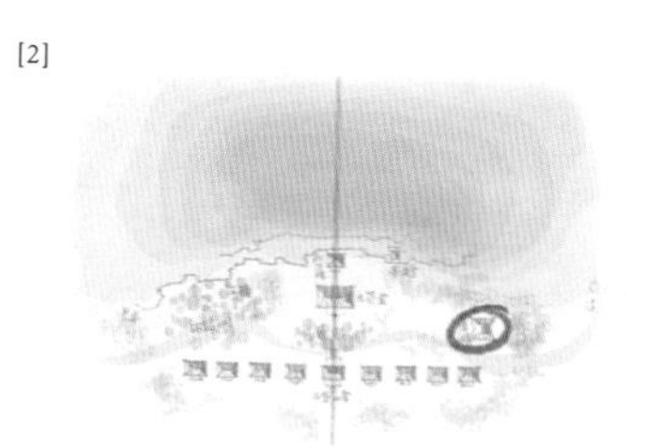

[3]

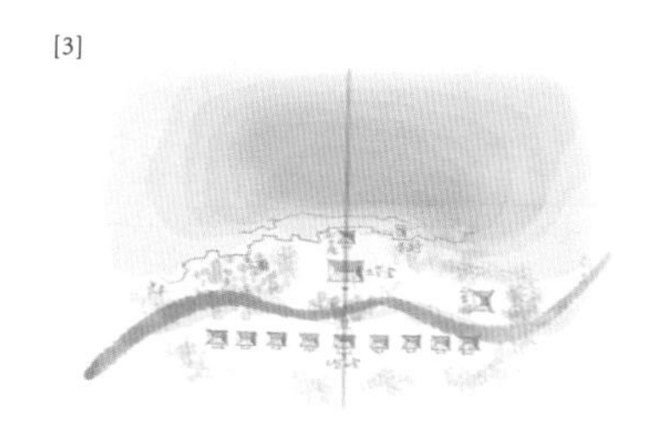

3. 引商溪入长园。[3]

优点：丰富长园，更细致优美。

4. 堂后跨溪，穿林，建大堂，蓄小泉。

优点：丰富中轴线，形成序列。

5. 沿山壁向上营造，多个奇绝的高园境。

6. 沿溪水向西面营造，多个野趣自然园境。

评

○ 可看到明代造园的自由和大胆，不拘一格。

○ 可看到中国园林并不只有曲径通幽、掩映成趣和高低错落这些柔弱纤细的营造。这个案例是很硬朗做法，几乎脱离了文人园的趣味。

○ 用营造与自然之势对话，共同达成大的势。

祠之後爲山之巔，築方臺，扁曰雙桂臺。亭五柱而立……東西而睨日出之景、日入之景，若紫氣浮，井虹狀冉冉爾。……并左級登十步，有層閣曰天風閣，閣并浮紫而高，取文公鼓山之扁。從閣上望白岳諸峰如五老之揖……從上望麓下，西大巨川，泛肆無景，曰漸江。……獅山之下有塘曰朱塘，從朱氏名也。……秋時張之百金之魚，觀魚者登來之也。……冬涸如圃，春漲發魚，自孕其間，其甘如丙穴。……東徑絶而西下石徑，逶迤數十步，東折級而下十五步，曰漱石洞。洞僅置足如斗，洞前紹考亭，亭藏岫中如釜，深丈，内方而圜其外。……從亭下仰天風閣如畫，累重朗閣矣。亭下有池如方諸曰明水，俯之若以鑒……萬修竹其間，倚竹而臨，池水灑灑，如入白茅特室。

——吴瑞谷《遵晦園記》

园境 · 明代五十佳境 · 第廿六、廿七、廿八境

遵晦园 | 浮紫亭 天风阁 绍考亭

遵晦园故事

遵晦园是明代嘉靖年间在徽州府休宁县屯溪的私人园林，所选园记为《遵晦园记》，作者吴瑞谷。园主朱俊夫，其祖先迁居到屯溪，在此经营鱼盐，家业丰厚。为了推崇文教，朱家在上山建立了文公祠。园主之父朱介夫常四处交游，结交了很多朋友。远方的朋友常前来拜访，园主便利用这座山建立了遵晦园来接待客人。

园内有亭台楼阁可以宿客，有池有田，养鱼养猪，种米种菜用来款待客人，有台有几案可以与客人弹琴喝酒。园中建筑从山巅到山麓稀疏散布，山径曲曲折折，将这些建筑串联起来。

休宁城在盆地中，周围峰峦环抱。屯溪商业繁茂，市镇外附近有几座小山，遵

晦园就建在屯溪附近的一座名叫“上山”的小山上。此处山环水带，非常幽静，吴瑞谷描述入山“登阪如入寂境”，在此可以躲避屯溪的喧嚣。山前一座小山叫作“屯山”，东边不远有狮山、象山和月山。山下便是渐江，远望是汶江。遵晦园就在这样的环境之中。

浮紫亭 天风阁 绍考亭

安徽屯溪一带的这个小园子叫“遵晦园”，遵晦园占了一座小小的山，山顶的一组园境颇堪玩味。

屯溪那一带的小山头，东一个西一个，从田野平地上隆起。河流池塘的水面在这个平地上铺展，环境很美。遵晦园占据了其中一座小山，山下是家族的祠堂。走上山，进入这个园林，一路上景象以自然山林的状态为主，略有几座建筑。直到山的高处，有一座堂，堂与山顶构成了一对前后的关系。堂的背后，是最后一段上山顶的路。

山顶筑了一个平台，台上建了一座亭子。从文中的表述看，很可能平台展开得比较大，亭子只盖住了一部分，是大台小亭。亭子有五根柱子，五个屋角，形态自由不羁。亭子在山顶的位置很高，又有大平台衬托，感觉非常高爽，视野开阔。亭上最可观的是在黎明看东边的日出，黄昏看西边的日落。日出于雾霭之间，好像太阳从紫气当中浮出来；日落进云霞之中，好像沉入紫气。山顶的亭子脚下有时候也有雾气，一旦阳光在紫气上横扫过来，好像亭子漂浮在云气之上。亭子中的人，不免有成仙的遐想。这个亭子叫“浮紫亭”。

山顶并不只有这一处建筑，旁边不远，又有一座阁楼，阁楼的制式当然比亭子要高级，这座阁楼叫“天风阁”。天风阁的位置与亭子高度相当。但是阁楼是二层的，它的楼上高于亭子。从阁楼上再看周边的环境，能够看见从近到远的很多山峰，所有周边有名的山都历历在目，有严公峰、五老峰，有香山，有富墩山、月山、象山、狮山，诸如此类。如果在山下平地看，这些山一座一座都是昂然而立。但是从天风阁上看，群山好像环围着天风阁，向着天风阁俯首作揖。

再往下看，大地上有一条长河，河流很宽，从远处万岁山边蜿蜒流淌过来，河叫“汶水”，又有一条江叫“浙江”。两条江河在大地上流淌，像是丝绸的带子一样轻柔，绕过群山。江河水面反射天光，显得光彩动人。近处有一个很大的池塘，很多细小的水流汇入池塘。池塘中养了鱼，到了捕鱼的时候，有很多人来观看，这个池塘的鱼异常鲜美。冬天，池塘水干涸，变成泥塘，从上面看，会混同于一般的菜地。到了春天，水涨起来，又变成丰沛的水塘，鱼又从这泥塘中生发出来。从阁上可以细细地俯瞰山下的各种生活景象。

园的半山，还有一处比较特别的地方。从天风阁向下走一段，有一个非常小的石洞。穿过石洞，里面露天处建有一座亭子。亭子的周边山石紧紧环围，像一个深锅一样，这座亭子就像在一口锅里，亭叫“绍考亭”。从亭下往上仰视，可以看到天风阁的一角。在高处的松树和蓝天的映衬下，天风阁看起来就像一幅画一样。亭子临着方形的小水池，池水非常干净，也非常安静，就像一面镜子。池子周围苍翠欲滴的竹林把池子围起来，方池的三面是翠竹，一面是小亭，这样的环境被紧紧围在山体中间。通过石洞进入亭子，高处则是如画的天风阁。这个园境的幽静，来得非常奇特。

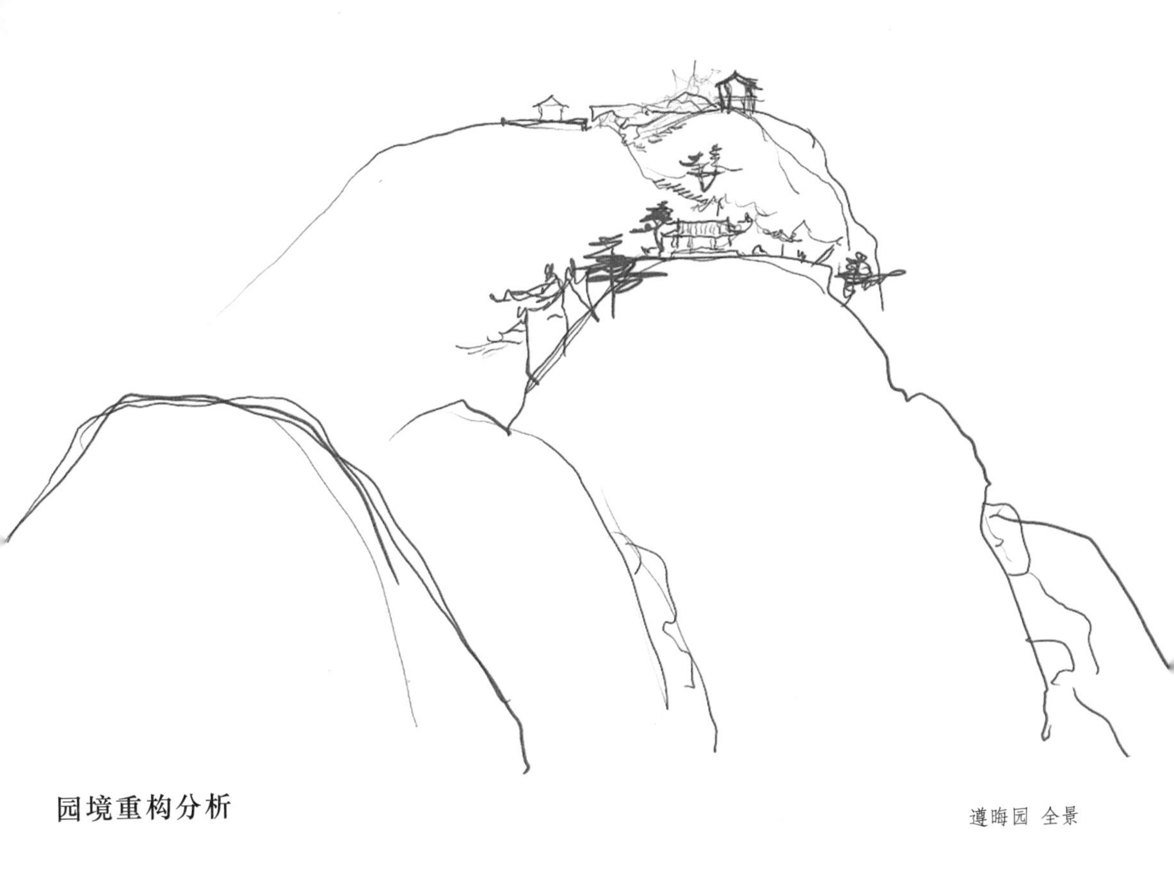

园境重构分析

遵晦园 全景

遵晦园在屯溪一座小山上，快到山顶的地方是一座祠堂，祠堂后边是山顶。山顶上建了一个台子，台上有亭。不远处几乎等高的位置，还有一处阁。

浮紫亭 剖面示意图

亭有五柱，制式比较独特，建在一个平台上。平台很大，亭子空旷，显得开敞轻快。亭中可以远望日出日落，太阳带着霞光从紫色的云层里慢慢地浮出来，亭子好像也浮在紫气上。

天风阁眺望

天风阁 剖面示意图

天风阁与浮紫亭地平相同，视野更高，能看见远山群拥。人在这里能够安静而细致地观察山下的各种景象与活动。

绍考亭 剖面示意图

剖面重构

绍考亭在山石围合的像穴一样的小环境里，穴里种了竹林，环境优美安静。从一个小石洞进去是小亭，亭子前边有一方安静的水池，竹林倒映其中。仰看可以看见山顶，天风阁衬在蓝天白云下边，如同画境。

形—势分析

浮紫亭

势的要点： 轻旷，若浮云上。

形的条件： 小山顶，位置高，视线远。

形的设计：

1. 建大平台。平台增强了高处平远的效果，若有云霭上平台，人若浮在云上。

2. 建小亭。观景有了一个轻快开敞的驻足点。宜望日出日落、月升等。宜短赏，大赏。[1]

[1]

天风阁

势的要点： 高大，安稳，敞。

形的条件： 小山顶，位置高，视线远。

形的设计： 高处建阁。[2]

[2]

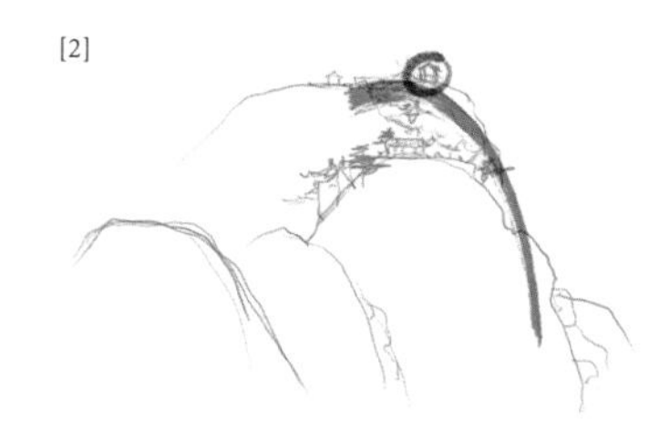

评

○ 架空，脱开地面，人有超脱感而兴致高。

○ 大而完好的室内，使人心情平静，适于感受远近巨细的诸般景象。

[3]

绍考亭

势的要点： 幽，内向，俯一仰。

形的条件： 半山，山石环围如穴，有石洞。穴中水平视线被封闭，本来无大趣味。

形的设计：

1. 穴中做方池，加入一个清透水面可俯视倒影。

2. 方池周边种竹林，加入生机，而且水中有翠竹倒影。

3. 穴中加小亭，有驻足点。小亭与洞接而临池，幽静而美，仰视可见天风阁。

评

设计利用向外平视被封闭的条件，来彰显内向与俯、仰。内向看竹庭，仰与天风阁对望，俯瞰池水及倒影。[3]

有山端聳後負前，與五峰相揖如賓，然皆無頗容。予甚敬訝之。乃循山麓加墻爲園，築草堂三楹。堂後因窪爲池，池周圍數尋，不能畜鱗介，然水清冽可鑒，復因山穴其巖爲洞。古松十餘株，蒼翠蓊鬱，隱蔽巖上。每天氣清朗，薰風響奏，引商刻羽，天籟和鳴，聽之使人心曠神怡，因名『萬松巖』。山人間從洞中讀《易》，又名『易洞』。……又前爲方池，池廣如園。置小艇其中，沿洄上下，渺然有江湖之思。

——宋儀望《北園記》

园境 · 明代五十佳境 · 第廿九、三十境

北园 | 易洞 万松岩

北园故事

所选园记《北园记》的作者，为北园的园主宋仪望。宋仪望，明代哲学家，字望之，吉安永丰人。嘉靖二十六年（1547）进士，曾任吴县知县，后升任御史，因遭严嵩忌恨而被贬，在严嵩事败后又复官。万历二年（1574）任右佥都御史，万历四年（1576）任大理寺卿，因忤张居正而被罢官。在哲学上，宋仪望从多方面发挥了王守仁的心学思想，他将王守仁的“良知说”与孟子的“良知良能说”结合起来，认为“良知”即是人们先天具有的道德意识和能力。

北园位于江西省吉安州永丰府，永丰位于江西省中部，吉泰盆地东缘，属于赣江支流乌江流域。境东南为山地，中部和北部多丘陵，西北属平原。五代以来为瓷

业中心，宋代时在州南永和市烧造的白、黑两种吉州窑和宋末的碎器窑，均称佳品。

北园是宋仪望在吉安家宅附近建成的简朴园林，它原来是一块废弃无主的荒地，有一座小山，山上满是脏乱的茅草荆棘。北园主人宋仪望家就在附近，在他的家宅旁边另有一处他的园林。

园主看见这里没人打理，就和家人去开辟它。等到开辟出来一看，发现这个山形状不错，平面是一个弯的月亮形，向南围合。山体中间高起来，两边低下去。而且它高起来的地方陡直向上，很有气势。山虽然很小，但是有形有势。

这里建成后，便成为他家的北园。

易洞 万松岩

园主选择这个被围合的山坳，靠近山体建了一座草堂，草堂不大，只有三开间，前面的草堂被后面的山略微环抱。草堂与山壁之间，形成一处小后院。园主在院中挖了一个小方水池，水池很小，周长也只有几米。园主说连养鱼都有点嫌小了，所以不养鱼。池水非常清澈明净，就像一面镜子。进入草堂，来到堂后，这里成为一处非常宁静的小环境。山壁上有一处凹进去的地方，园主将这里继续挖进去，成了一处浅浅的洞穴，装饰成一个壁龛。壁龛就在池边，园主很喜欢坐在壁龛中读《易经》，他把这个壁龛命名为“易洞”。

山虽然不是很大，但是山顶却有十几株古松。古松多年被蒙蔽在荆棘杂木之中，现在杂树被清理掉，古松林显露出来。松树很茂盛，树干高大苍劲，树冠针叶繁茂翠绿。从堂后向上看，树冠的枝叶伸展出来，像一个苍绿的盖子，高高地在上面。这里叫“万松岩”。

场景示意图

每到天气晴好的时候，园主喜欢在这个小环境里静静地坐着，听着高空的长风吹过松林发出阵阵松涛声，宛如天籁和鸣。俯身可以看见水面如镜，映射出蓝天和山上的松树。仰头，视野虽然狭小，却高远无比，可见蓝天白云间的飞鸟。

园境重构分析

北园非常简单质朴，山是一个平原上的小山，小山往前弯着，好像围着朝南的一块平地。山前建了一座草堂，沿着山又设了一点篱笆，前面是一个大池，可以泛舟。

剖面重构

堂后小院，挖了一个很小的水池。在山凹进去的地方又开凿了一个石龛，面对小小的池塘。山崖上有古老的松树，高大苍劲，生长得很茂盛，树冠伸出来，盖在这个小院的高处上空。

人在堂后，听松涛可想象高空长风，看水镜，可见天光云影。

剖面示意图

形—势分析

势的要点： 主要的势，高远、深窄；次要的势，低、封闭，清、朴野。

形的条件： 小山丘，山顶古松。

形的设计：

1. 草堂靠山，围合成极小的堂后。[1]

2. 经营堂后。

  ○ 建小池，水清湛。作为镜面反射，有助于“深”势。[2]

  ○ 山壁建凹龛。可有低、深、野势。[3]

评

○ 极小的堂后空间看山顶松，大角度仰视，有“高”势；看天，有“高远”势。[4]

○ 封闭，深窄而有小池，衬托出高远的天空与长风。

○ 设计着墨极少，营造深窄，关闭平视景象，从窄小处而专注高远大势。

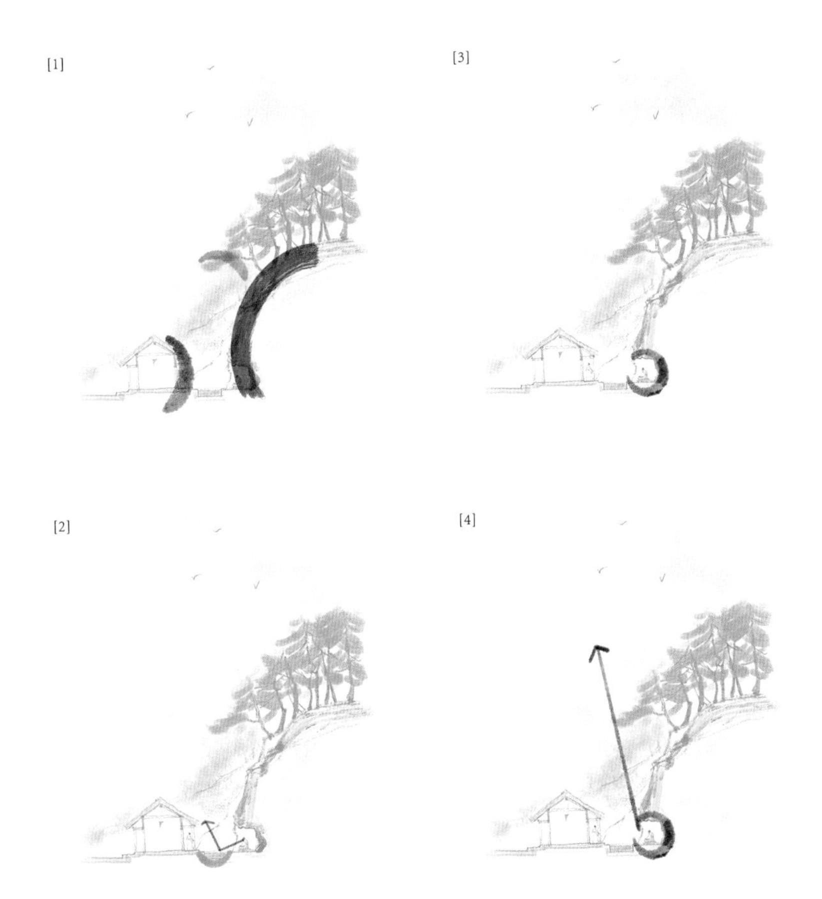
[1]
[3]
[2]
[4]

磴晐分道，水唇露數石骨，如沈如浮，如斷如續；躡足蹇渡，深不及踝，淺可漸裳，而『浣香洞』門見焉。悵屽岸崿，竅外疏明，水風射人，有霜雹虬龍潛伏之氣。時飄花板冉冉從石隙流出，衣裾皆天香矣。洞窮，宛轉得石梁，梁跨小池，又穿『小西洞』，洞枕『招爽亭』，憩坐久之。徑漸夷，湖光漸劈，苔石累累，嚙波吞浪，曰『錦淙灘』。指顧隔水外，修廊曲折，宛然紫蜺素虹，渴而不飲。……東達雙扉，向隔水望見修廊曲折，方自此始。余榜曰『流影廊』。窈窕朱欄，步步多异趣。

——陳繼儒《許秘書園記》

足縮如循褰渡曾不漸裳，則『浣香洞』門見焉。洞窮得石梁，梁跨小池，又穿『小西洞』，憩『招爽亭』。苔石嚙波，曰『錦淙灘』。指修廊中隔水外者，竹樹表裏之，流響交光，分風争日，往往可即……向所見廊周于水者，方自此始，陳眉公榜曰『流影廊』。沿緑朱欄，得『碧落亭』。

——鐘惺《梅花墅記》

园境 · 明代五十佳境 · 第卌一、卌二、卌三境

梅花墅 | 浣香洞 锦淙滩 流影廊

梅花墅故事

梅花墅建于明代末年，位于苏州府吴县。

梅花墅园主许自昌，字玄祐，为明代戏曲作家，以“梅花主人”为号。许自昌乐于读奇特的书文、与思想独特的文人交往。他平生以著述及刻书为事业，校刻了《太平广记》500卷，还有李白、杜甫、陆龟蒙、皮日休等人的诗文集，他创作的戏曲《水浒记》，基本情节与《水浒传》相似，到现代仍有上演。

所选园记为《梅花墅记》，其作者钟惺是许自昌的好友。他出身于书香门第，万历三十八年（1610）进士。其为人严冷，喜游名山大川，为文用词难懂，令人觉得莫测高深，有“诗妖”之名。他与谭元春一起被称为“钟谭”，为明末文坛的“竟陵

派”，与“公安三袁”齐名。

另一篇园记为《许秘书园记》，其作者为陈继儒也是许自昌的好友，工诗善文，短文小词都别有风韵，又通晓经史和诸子学说，因而远近人士都争相购买他的书册，每天征请诗文的人络绎不绝。陈继儒曾到梅花墅游玩，为园中景点题名，还写下了一篇很好的园记。

浣香洞 锦淙滩 流影廊

梅花墅在苏州的太湖边水陆交错勾连处，这里原是湖边一岛，后与陆地相连。

梅花墅是一户宅院，宅院向太湖那边有一小门，门外是一座小书斋。过了书斋有两条路，一条往山坡上去。山上稍高一点的地方有座阁楼，叫“暎阁”。登上阁楼，俯瞰园林，平看远处大湖，很有一番景象。另外一条路，往前走是小水面，水面之中有一组石头踏步。石头顶面平平的，与水面非常接近。水波不断起伏，波浪上来，石头的平面就淹没到水面以下，波浪下去，石头就露出来，路与水面交织，看起来若隐若现，似有似无。游人走过去的时候，既觉得新鲜，又要很小心撩起长衫的下摆，有的时候还会踩在浅浅的水里，打湿脚面。远远看去水上无桥无路，人好像踏水而行。

从踏步石上走过去，水中前面有一组叠石山，山中有石洞，叫“浣香洞”。

浣香洞是一个通透的叠石洞，有点像一个门洞，但是比门洞要深。踏水的小路从洞中穿过，洞架设在水面上，水也跟着小路穿过洞。天寒风大时，洞中水风飞射激人，好像山那边有一条巨大的怪兽潜伏喘息。春天，洞那边的水面偶尔漂来一些花瓣，从石缝中流过来，花香似乎也会飘过来，人在洞中，香风盈袖。

洞外有一座石桥，跨过石桥有一个小水池，小水池岸边满是花树。过了桥又穿入一个叠石洞，叫“小酉洞”。洞与一座亭子配成一套，进入洞其实就是进入了亭子。

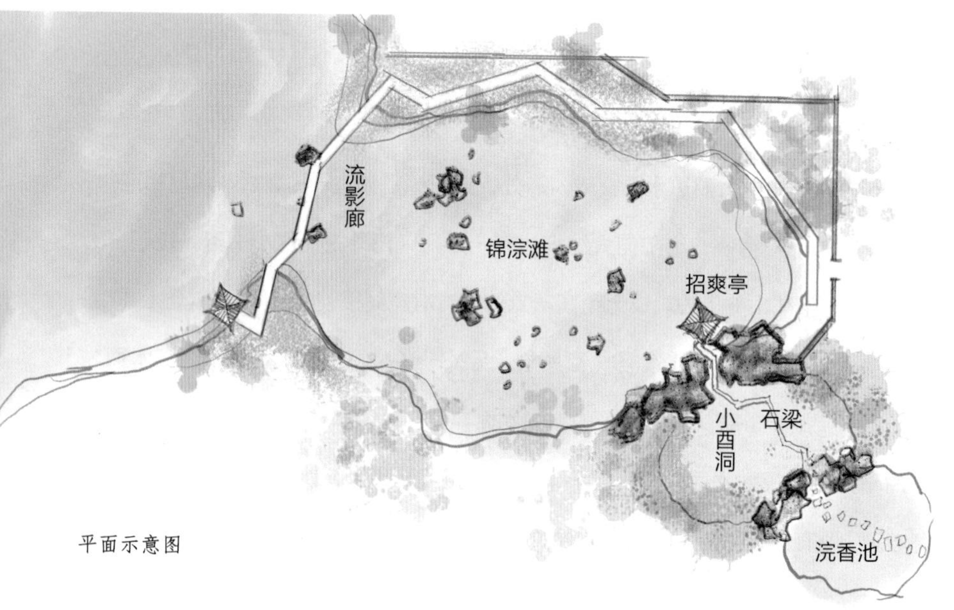

平面示意图

这个亭子叫“招爽亭”。

亭前是一片大水面，这是太湖边的一个小水湾，一片浅滩。水底的太湖石东一处西一处地突出水面，石上长了青绿的苔。湖光从水面照过来，自招爽亭看过去，水波从远方一浪一浪地推过来，太湖石好像在一口一口吞食着喂过来的水浪。这个水滩叫作“锦淙滩”。

远处，锦淙滩和太湖之间架设了一条廊子，用廊子、墙和竹林树木将水面围合成一个大的水院。廊子下面的水面与广大的太湖相连通，修长的长廊在大水面上曲

剖面示意图

折，像条紫色龙蛇下凡来，凑近水面要饮水的样子。从招爽亭无法直接去到远处的廊。向北走，弯折很多，又遇见各处亭台楼阁，然后来到一处双开的园门。刚才在招爽亭看见的修长的水上长廊便从这里起始，廊叫“流影廊”，绿楣朱栏，精细而美丽。长廊弯曲围着水面，又被园墙环围，人行其间，步步有趣有景，趣味新异，好像在水镜之中。向西去，有座小亭背靠长廊。向西面望去，西山如烟的绿树苍翠，好像来到亭子的檐角之下，那亭叫“碧落亭”。

园境重构分析

平面重构

梅花墅有太湖边伸入陆地的一个小水湾，设计将这个水湾分隔为三层水面，水面从小到大，层层设障，游线有两条：一条从水上走，小路穿透障碍越过层层水面，最后到大水面前招爽亭，从招爽亭看流影廊，湖光通透，光影交织；另一条从路上走，进小门入流影廊，行走其间新奇多趣，西端接亭远望。两条路互不连通。

剖面重构

风从太湖上来，穿过流影廊、招爽亭，到桃花小池，再穿过石洞，将落英带到平步小池。浪从太湖上来，涌过流影廊下，入锦淙滩浪推奇石。流影廊外，或有花墙围合，或完全开放。

形—势分析

浣香洞

势的要点： 风急，花轻，波微。

形的条件： 大湖小湾最末端小水面。

形的设计：

1. 以叠石隔，以石洞通。[1][2]

优点：○ 形成内外层次，内静，外动，内外交互。

○ 内可感到风急，可见到花漂，可感到水涨，但是看不见大湖和桃花景致。不看先感，蓄势。然后进入桃花小池区。[3][4]

2. 踏步石与水面平。

优点：○ 石如标尺，可看见微涨微落的潮。以石显潮。

○ 景象上，人如行于水面，奇，也有趣。

[1]

[2]

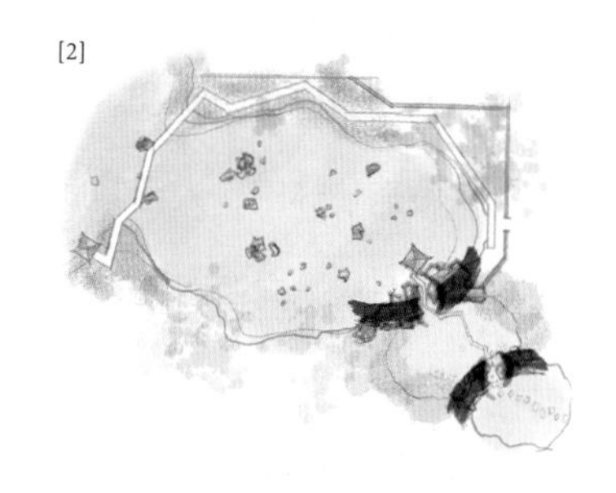

[3]

[4]

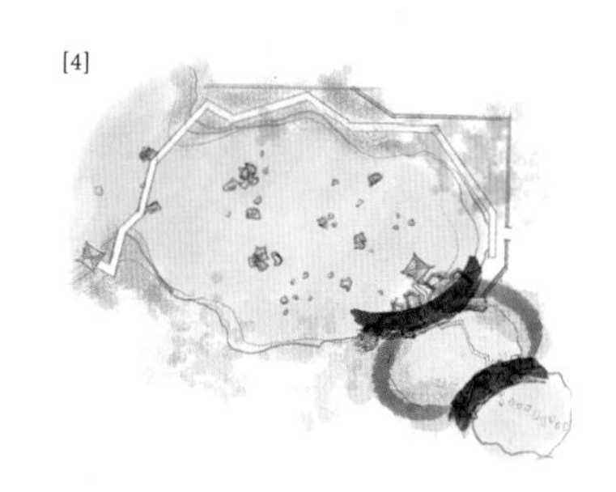

锦淙滩

势的要点： 浪涌。

形的条件： 大湖有浪，水面浅。

形的设计： 大片浅滩，滩中置奇石突出迎浪。[5][6]

优点： ○ 平水面衬托奇石，美景。

○ 水浪与奇石冲斗，可玩。以石显浪。

○ 设招爽亭以观。

[5]

[6]

流影廊

势的要点： 水光流影。

形的条件： 大湖小湾之口。

形的设计： 廊架于水上，跨过水口。[7][8]

优点： ○ 从招爽亭隔水看，光影交织，灵动奇美。

○ 从廊中行走，步步新奇多趣。

[7]

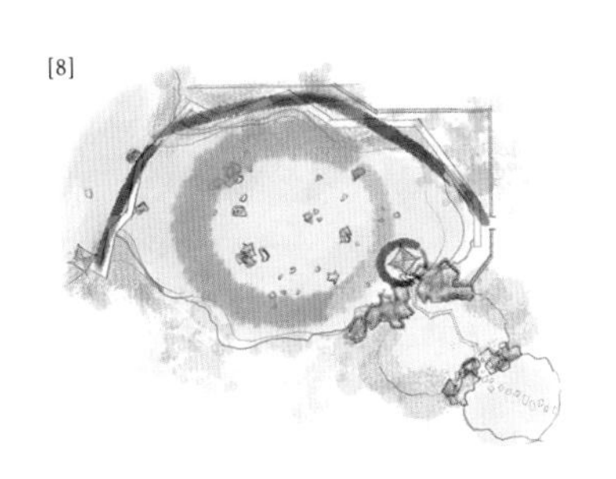

[8]

评

太湖对于园子的影响，从最外面开始，一层一层传递进来。这里的设计将影响一层层隔开，再透过，使得湖上的光、湖上的风、湖水的波浪，可以很细致地被分段欣赏。锦淙滩水面，从水路、陆路分角度欣赏，并且互为景象的点缀。

更度山腰曰『九杞山人讀書臺』，稍進曰『楊梅圜圃』。内茅屋三楹，曰『濯屋』。潮聲日夜吼枕上，曰『枕濤莊』。松竹楊梅之湊，竹扉常扃，扉側攀蘿累石而上，小閣倚樹跨峪，曰『嬰巢』。四牖玲瓏，遠近山谷百出。

——許令典《兩垞記略》

园境 · 明代五十佳境 · 第卅四、卅五境

两垞园 | 枕涛庄 婴巢

两垞园故事

两垞园建于明代后期，在今浙江海宁袁花镇黄山上。黄山在海宁县城东52里（26000米）处，山高60丈（约180米），周7里（约3500米），山坡上植有成片杨梅和山茶。黄山山腰有"九杞山人读书台"遗址。九杞山人是许令典给自己的称号，他在黄山山中读书，一日大雪，他看见篱落间有杞树，其子如红雨，便移植中庭，不久树发条九枝，许令典便自号九杞山人。

今天的黄山南面是钱塘江的入海口，著名的海宁观潮，就是因为这里的海面骤然收聚成江面。但是如今海宁东面的大片冲积平原，明代时还是海洋。海宁的黄山在明代非常靠近大海，登上黄山山岭，"面海屏山"，视野无阻。向陆地可看越中地

区诸峰好像在几席之间，向海上可望见海中船只的帆影出没。明代在黄山上能听见大海的潮声，日夜不断。

园主许令典是海宁人，万历三十五年（1607）进士，任淮安知府，后托病辞官，归隐黄山。许令典在黄山东西垞建园，取名“两垞园”。园内有馆舍、茅屋，有阁，窗牖玲珑，可望远近山峦迭出。该处屋宇不多，都藏于园圃之中。园中有竹万竿，有杨梅园，有长坡，坡上种杨梅和山茶。

枕涛庄 婴巢

两垞园在一座自然小山上面，山有两个山头，所以园叫两垞园。

从两山之间的山谷慢慢登山，到东边的山头，有一处地方可以看见海面。海是浙江东面的大海，出海的帆船如水中浮鸭。浙江这一带的若干山峰，远远看去好像很近，这里是东垞看海的地方。

从高处回头往山腰走，有一处地方叫作“读书台”，园主人在这里读书。再往里走，有一所房子，周围杨梅树围着这个房子，外面还有一圈篱笆把杨梅树林围起来。这个小房子里有卧室，夜晚在此休眠，头枕在枕头上，海潮的声音好像就从枕头下面传出来。声音很响，越听越响，像在耳边吼叫，潮声日夜不停，所以这个小房子

枕涛庄 示意图

就叫作“枕涛庄”。

篱笆有一个竹门，这个竹门也经常关着。这里没有什么人来往，非常安静。竹门的旁边是山石，藤萝盘在石上，很有野趣。从这里攀爬上去，有一座小小的阁，旁边有一株大树，阁和树姿态互相呼应。阁之下是一个小山谷，阁的位置在高的地方，跨过山沟而建。

这个山沟或许正是东西两峰之间山谷最上边的沟壑，沟壑虽然不大，山谷延伸得却很远很大。阁楼跨过小山谷，小阁四面窗户都很玲珑，轻巧通透。在这里，周围远近的景色都看得很清楚。这个小阁叫“婴巢”。

场景示意图

园境重构分析

场景重构

两垞园在浙江杭州湾的北部，明代时离海非常近。山脚下另有一片池塘，周边还有田野、平原、林木、村庄。两垞园建筑散布在山的不同位置上，水边上也有建筑，沿着水边可以种菜、种果树。东垞视野比较高阔，可以看见辽阔的海面。

情境想象

夜里睡在枕涛庄，好像枕在大海的波涛之上，恍恍惚惚之间，也许会想象自己躺在海面之上的某个地方，意境奇特。

婴巢 示意图

剖面重构

山谷之上建了一座小阁婴巢。阁的四面窗户精致玲珑，可四望远近层山。婴巢旁边不远低凹处是枕涛庄和杨梅树林。

形—势分析

[1]

枕涛庄

势： 静—震撼。

形的条件： 海边山中，山坳处，无景可看。

形的设计： 小屋围在当中，屋外林，林外篱笆，竹门常闭，屋中有卧榻。[1]

优点： 所见只有静林小园，所听大海涛声震撼，反差而称奇。

[2]

婴巢

势： 轻虚—高而小。

形的条件： 两山之间高处沟壑。

形的设计： 建小阁跨过山谷而架空，四牖玲珑通透。[2]

优点： ○ 阁的位置在高处，周边视野无碍。

○ 阁的位置在山凹处，旁有大树，阁有靠，位置安稳。

○ 阁架空，窗玲珑，轻虚灵巧。

○ 轻虚小阁跨连厚重两山，反差有势。

评

○ 枕涛庄刻意选择山坳，刻意层层围裹，入篱门、进梅园、入室内，层层进入。视线越来越封闭，再将大海潮声送至枕下，可专注欣赏自然的声音。

○ 婴巢小阁没有院落围合，直接栖身于山野，连两山跨小谷，敞开四窗，视线远近可达。

其地幽徑一綫，迂坳而曲折，稍進則平圃一片，江水繞之。種有名卉數百簇，中構草亭，曰『泠然』。又進則攝嶺而上，石洞、石蹬、石案横嶺腰，可以對弈；又進，則石絳絶頂，構亭名『可座』，八方玲瓏，而在下圃，望之則如天上；又進，則書館，前堂後室氣象鉅麗。上則岑樓，周回遠眺，山川數十里，面面皆碧。下則明窗净幾，庭草盆魚，實以圖書萬卷。

——鄒維璉《李郡臣大莫園記》

园境 · 明代五十佳境 · 第卅六、卅七境

李郡臣大莫园 | 泠然亭 书馆

李郡臣大莫园故事

李郡臣大莫园为明代李一凤所建。

园主李一凤，字岐阳，施州（今恩施）人，万历年间举人，掌管安徽省池州贵池县，历任数州同知，以廉惠称。天启四年（1624），李一凤做官退休回家，在夜郎南郊以外建大莫园，开大莫园以教课子弟，重修《施州卫志》。

夜郎山水多奇，而南郊以外尤奇。群峰戟列，四水映带，峭岩古石，苍松绿竹，种种美景，应接不暇，大莫园就处在这样的奇美环境中。

大莫园北枕瑞狮山，瑞狮山在城东南角，城跨其上，岩壁上有“钓台”二字。大莫园的东面是五峰山，五峰山在城东面，清江环绕其山脚，山明水秀。从大莫园

南瞰，可以看到清江。清江从城北而来，弯弯曲曲环绕城东，到了城南流入峡口。峡口处，两山对立如门。城西的药水溪、麒溪、巴公溪在峡口与清江汇合。

记主邹维琏，字德辉，江西新昌（今江西宜丰）人，万历三十五年（1607）进士，耿直有大节，官至郎中。崇祯年间，累升为右佥都御史，巡抚福建。

泠然亭 书馆

李郡臣大莫园在真山真水之间，园的北面靠小山，它的南面是清江。山脚下有一条很细的小路通往园子，小路在山下花树之间像一条细线，迂回曲折到园门。进园后是一片平地，三面被江水绕着，是伸到江水里的略像半岛的平地小洲。地上种了很多名花，形成一大片花圃。在花圃正中间有一座亭，叫作“泠然亭”。

再往里走，山势高起，要向上攀登。登山而上，一路会遇到石洞，有石头的桌子，有一些地方可以停下来休息或者下下棋。再往上走，接近石头山的山顶，此处地势高绝，有岩石向前凸出。园主在凸出的岩石上建了一座亭子，叫作“可座亭”。亭子地处高爽，从亭子向外看，视野很开阔。从山下花圃看山岩高处的这个亭子，位置非常陡峻，好像在天上。从这个亭子再往山顶走，是园中的“书馆”。

书馆是两层的楼，颇为气派，装饰得很华丽，规格也很大。如果去到楼上，可以向周边远眺，近处的长河、远处的山峦，延绵好几十里，苍翠不断。如果下到楼下一层，室内窗明几净，装饰得雅致，一尘不染。廊下庭前，种植各种花草，还有一些盆养的鱼。此处环境宽舒、安静、优雅。楼下就是藏书馆，有藏书万卷。

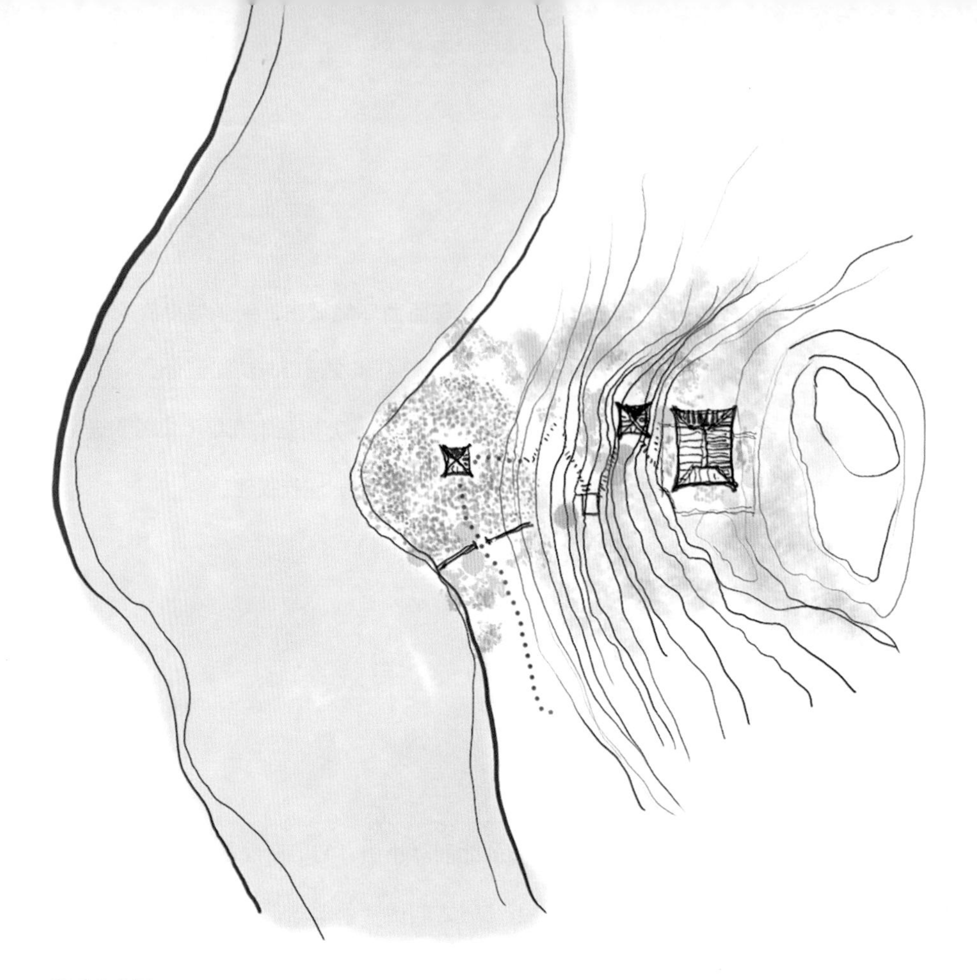

平面示意图

园境重构分析

平面重构

瑞狮山在城东南，山为清江环绕，在这里拐弯。园的用地从被江水围绕的平地经过半山到山顶，是一片依山临水的好地方。园境营造沿山而上，低平处花间小亭，高俊处岩上高亭，山顶平地建二层书馆，上下各有佳境。全园简洁明了，借自然山水之势而有势。

剖面重构

泠然亭和花圃在低平的位置，江水环围。园背后倚山，半山有石桌，崖壁高处有可座亭，背靠山壁下临陡崖，凭高而望远，可座亭与泠然亭高下互望成趣。书馆在山顶一小片平地，上层向四方远望，下层近前小环境精美，内向窗明几净，为藏书馆。

这个园的布局虽然简单，但是它位于江河的转角处，山挺拔，水蜿蜒，地势绝佳。园对于地势的利用简洁明了，将优势发挥得淋漓尽致。

剖面示意图

形—势分析

势的要点：低平，高远。

形的条件：江河弯处，江绕平浦，浦接小山。

形的设计：

1. 平浦植名花大片，中建一亭。[1]

优点：○ 地平，江面平，低平望远，背靠小山有势。

○ 小亭为花圃中心，成景。

2. 高处绝壁上构一亭。[2]

优点：○ 背山崖而前凸，有势。

○ 从亭中望，身处高处视野开阔。

○ 从下向上望，亭如在天上，高耸陡峭。

3. 高处山顶建书馆，上下二层，建筑高大，装饰华丽。[3]

优点：○ 建筑高大华丽，借山势而气派摄人。

○ 上层远眺，周围山川几十里。

○ 下层近看，窗明几净，庭下精致华美，藏书万卷。

[1]

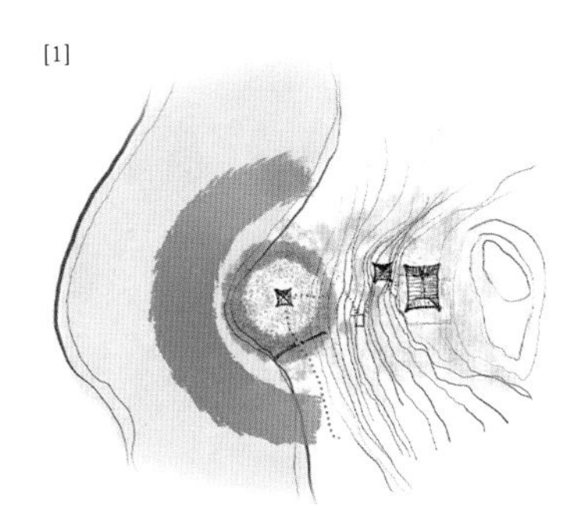

[2]

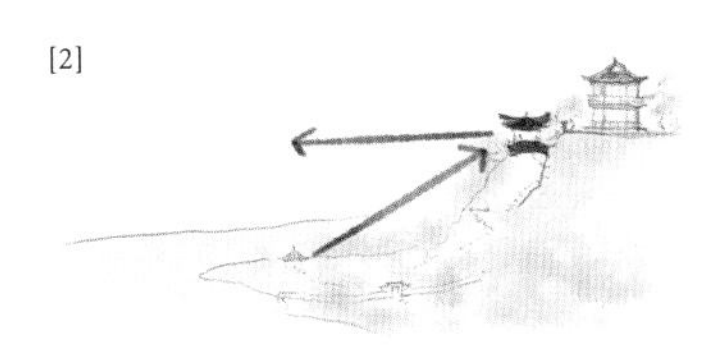

[3]

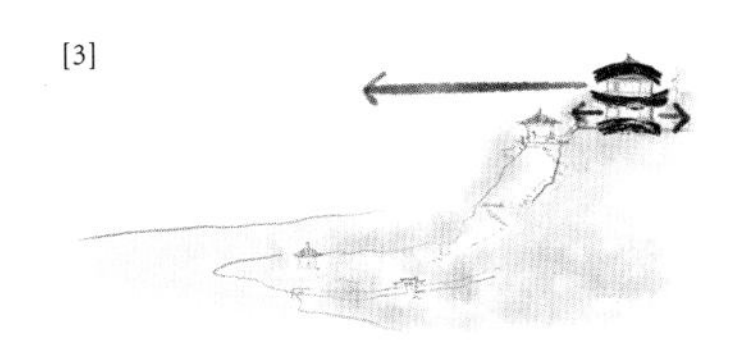

甫窺圃有石界道，有竹欵門，蒼翠嫩陰，步步近清涼國中矣。東啓雙扉，花屏菊田，綰綉錯綺。徑盡，得擷芳亭，枕古槐老櫸之下，前臨方沼，沼中則荷花采采，沼外則林樾鬖鬖。其清流可以措杯，其密蔭可以布席。亭後犖石壘岡，延袤詰曲者，以數百尺計。洞門崔崿，樹偃花欹，曰『谷口』。穿洞而出，突見長松一株，類渴猊獰龍，鬐甲飛動，摎于連林之表。倚松結秀野堂，堂極軒敞，瞰空波，睇梅嶺，散策芙蓉堤畔，翠羽素鷗，雨坐晴眠，對人頗有傲色。

——湯賓尹《逸圃記》

园境 · 明代五十佳境 · 第卅八、卅九境

逸圃 | 撷芳亭 谷口

逸圃故事

逸圃是明代后期常州府溧阳县的一处园子。

逸圃园主史致爵为溧阳望族史氏后人。江苏溧阳史氏始于东汉溧阳侯史崇，至清末之前，史氏在江苏的分支共出过80多个进士。溧阳史家，是史氏历史上最大的一个长盛不衰的望族。汤宾尹称其为“江左冠族，富贵丰久”。

史后，字巽仲，号知山先生，弘治年间进士，为入明以来溧阳的第一个进士，历任给事中、光禄大夫等。史后之子为史际，字恭甫，嘉靖年间溧阳人，为当时名士，在宜兴有玉女潭山居。史恭甫闻名原因有二，一为财富之巨，二为造园之美。

史际之子为史继书，继书之子为史致爵，致爵之子史顺震。继书、致爵、顺震

三代俱世袭锦衣卫百户、千户、指挥佥事等职，世代显赫。

史后在溧阳有多处园林，宅畔有归得园，城北有沧屿园，后来皆传至史致爵。史致爵又在城北约4.7公里的下庄村附近建逸圃。园中有撷芳亭、谷口、秀野堂、最胜幢、陶家、月钓滩等景致。

汤宾尹为之作《逸圃记》，将逸圃与玉女潭山居、沧屿园对比，认为玉女潭山居地处腹洞秘穴，虽然奇特，但游玩时并不是那么方便；沧屿园地处市井中，较为嘈杂，只有逸圃园疏快宜人，耳、眼、脚都很舒服。

汤宾尹，字嘉宾，万历二十三年（1595）进士，授翰林编修，内外制书令诏多出其手。著有《睡庵诗文集》《宣城右集》《再广历子品粹》等12卷。

撷芳亭 谷口

逸圃面积约40亩，位于城郊的乡间。园门之外，一条用石头铺成的小路穿过竹林，竹林苍翠，越走越觉凉爽。往东走，就到了园门。打开双扇园门，沿门里小路继续向前，两边花木像屏障一样高高地沿着路垂立。地面种的菊花像一片田，有高些的，有低矮的。小路走到尽头，有一座亭子在一株古槐树和一株老榉树之下，亭子和两棵古树之间的关系，好像枕在树边，它的姿态和树的姿态之间有一种呼应，看起来很可爱。这亭子叫“撷芳亭”。

亭子的前面是一个方池，池子中有很多荷花。方池的外边，都是树林，树的年代都比较久远，所以颜色很浓重。池里的水非常清澈，树林的浓荫也很凉爽，暑天在这里很舒适。

谷口 场景示意图

亭子的后边是土石山岗，有一条小路进入山岗的峡谷，小路弯弯曲曲差不多有几十米长。山中树林茂密，花木满布，尽头是一个叠石的石洞，洞门就是这个山谷的谷口。

出了石洞，突然看见一株很大的松树，远远高出周围的树林。树的姿态苍劲神奇，像一条龙在天上飞舞。松树树冠之下，建了一座很大的堂，叫“秀野堂”。堂又高大又华丽，窗牖很开敞，在堂上可以看周边近处和远处丰富生动的风景，各种鸟儿出没其间，姿态可玩。

园境重构分析

剖面重构

山谷之末为高奇古松，与叠石洞相配，洞外为轩敞大堂，堂外有山池。

撷芳亭 场景示意图

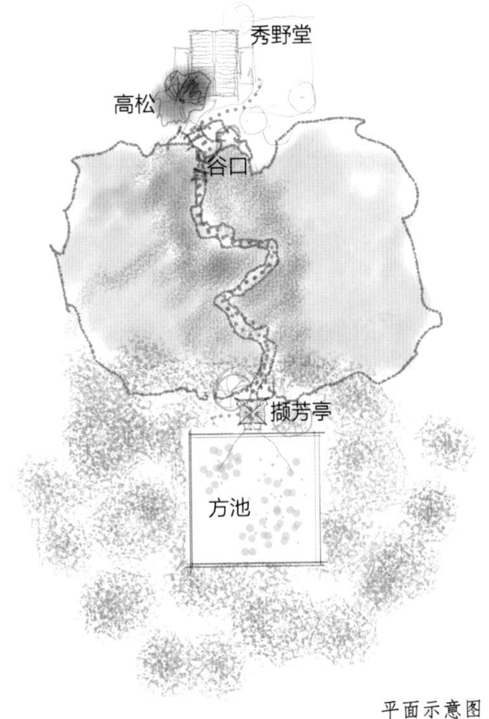

平面示意图

平面重构

一片古树林中，建一个方池；一片土山茂林，开一条曲折山谷穿过。土山茂林与古林方池之间的接口是两株古树、一座小亭；两树一亭既是方池之首，又是山谷之始。

形—势分析

[1]

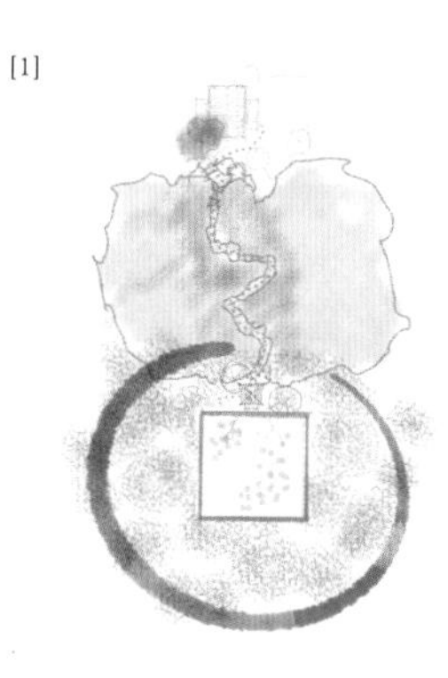

撷芳亭

势：森然—清雅。

形的条件：平地园，有微地形，有古树林。

形的设计：

1. 古树林中建方池，种荷，树林围荷池。[1]

优点：森然与清雅反差成组。

[2]

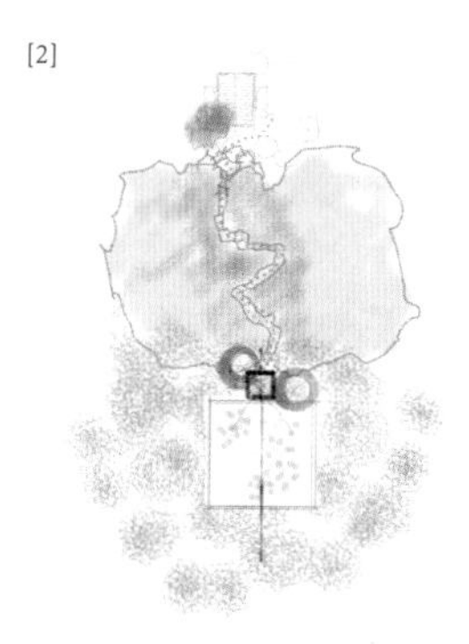

2. 亭与两株古树姿态呼应成一组，亭树组与方池配。[2]

优点：亭树与方池，中心性更强，有趣，有势。

谷口

势：高壮，华丽。

形的条件：有高大古松一株。

形的设计：

1. 出谷口建石洞对高大古松。[3] [4]

[3]

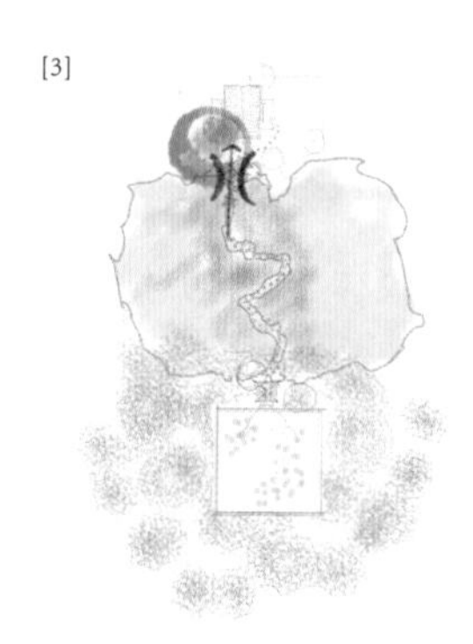

优点：石洞遮掩古树，高树突然逼近，仰视角度高，凸显古松之高大。

2. 建高堂与高大古松姿态呼应。[5]

优点：○ 大树大堂互增其高大之势。

○ 自然与人工建筑姿态呼应有韵味。

[4]

[5]

评

○ 土山茂林隔开两处园境，一处是老林中方池荷花，一处是远近野山野池。

○ 以曲折峡谷穿过土山茂林。

○ 峡谷一个端口是两古树建一小亭，小亭正与方池相配。

○ 峡谷另一端口对着高大古松，以一叠石洞相衬托。华丽大堂紧靠高大古松而建，大松华堂相配成势，与野山野池相望。

其居前俯清溪，左右壘黄石爲短垣，其陽獨闕，樹槿藩之，曰『槿垣』。中有堂三楹，頗整靚，斑竹千竿擁之，蒼翠襲幾席，曰『湘玉堂』。側室蕉數本輔之，以長夏弄碧可念，曰『蕉室』。中奉二陸主，又曰『二陸香火處』。……祠之後，左偏石巖高可數十丈，空闊瑰奇。石楠十餘樹覆之，石皆作紫紺色，曰『赭石壑』。竹後小池蜿蜒……蘋藻空明，鯈魚出没，曰『蝌蚪灣』。出槿藩門，則所謂清流者，其淺可以菱，菱熟則紅如夕霞，曰『紅菱渡』。渡之東，板橋横焉，左右多垂楊，曰『楊柳橋』。稍折而東，堰水一區……没不能踁，曰『洗鶴溪』。斑竹之餘勢上延山椒，芟其繁者，得地而亭，曰『花麓亭』。湘玉堂之陽，與祠之左爲廣場，且六畝。二子念欲雜蒔諸花卉實之……

——王世貞《小昆山讀書處記》

园境 · 明代五十佳境 · 第四十、卌一境

小昆山读书处 | 湘玉堂 杨柳桥

小昆山读书处故事

三国时期吴国有兄弟二人很有文名，一个叫陆机，一个叫陆云。陆机、陆云，其祖父陆逊是三国时吴国丞相，吴县华亭人，孙策之女婿，为人足智多谋。建安二十四年（219），陆逊与吕蒙定计袭夺荆州，并任偏将军，代吕蒙守陆口，麻痹关羽，使吕蒙大胜。吴大帝黄武年间，陆逊任大都督，火烧刘备大军营寨，打退蜀军进攻。后又在石亭大破曹休军队，为稳固东吴政权屡建奇功。赤乌七年（244），陆逊为东吴丞相。

陆机，字士衡，西晋太康时期的文人名士，陆逊之孙，陆抗之子。陆机因曾任平原内史职，世称“陆平原”。陆机20岁时吴国亡，即与其弟陆云隐退昆山故里，

十年闭门修学。

陆云，字士龙，陆机的胞弟。陆云因曾任清河内史，世称“陆清河”，与兄陆机并称“二陆”。陆云好学，早有才名，5岁能读《论语》《诗经》，6岁能文章，与陆机齐名。

三国归晋，吴国灭亡以后，陆机和陆云曾经有将近十年的时间在江苏昆山一处地方读书，这读书处成为一时的名胜。但到了明代，读书处早已湮没。

明代也有两位读书人，一个叫陈继儒，另一个叫徐梦儒，他们相约去探访这个地方。两个好朋友走到小昆山的山下，周边看去都是些民居，很杂乱。往山上走，到了半山，有一些漂亮的树木，还有竹林，整个景色逐渐明媚优美。再继续往山上走，有一座石塔，两个年轻人就到石塔旁，请看石塔的僧人带他们四处走走。走过一处，那地方像是一个小庄子，看起来比较荒败，但是格局不错。僧人说这里是某人家的产业，想要出售，价格也不太贵。正好前一时有人送给这两位文人一笔钱财，两位要推辞却推辞不掉，于是他们就想用来买这块地。他们说，陆机不是写过他们读书处在昆山中如此这般的地方吗？估计就是这里。我们把这里买下来，可以在这里纪念这二位先辈文人，每年到了某个时间就来此处吟诵他们的诗，这样不是挺好吗？于是他们就把地买下来，在里面建了一所房子，收拾打理好，每年到这里来读陆机和陆云的诗。

陈继儒二人的朋友，太原的王衡听了这段故事，就又给了陈继儒和徐梦儒两人一些资助，两个人就拿这些钱把周边再建设了一番，形成了小昆山读书处的景象。

再后来，二人在房子边上开了一小片场地，想要种花。陈继儒说：为我把紫色的岩石壁覆盖的，是花；为我在溪水中装点的，是花；为我挽留来访客人的，是花；为我取悦陆机陆云两位先生英灵的，也是花。希望我的亲友们给我捐各种好花，捐一百种不多，捐一种不少。我想把各种名花种在我的小场地上，等到花场全都种好以后，题字叫“乞花场”。

他们到处讨要名花，讨到了王世贞这里。王世贞一听，昆山曾经的读书处，在湮没了千年之后，有后代的儒生为他们纪念，这真是文坛的雅事。于是他捐了十几种名花，而且写下了这篇《小昆山读书处记》。

小昆山位于华亭（今上海市松江区西）西南18里的地方，是上海松江区著名的九峰之一。九峰高度均在海拔100米以下，呈西南—东北走向，逶迤13.2公里，山地面积共约2.35平方公里。依次名为小昆山、横山、机山、天马山、辰山、佘山、薛山、厍公山、凤凰山。因松江别称“云间”，故亦称“云间九峰”，其中小昆山海拔55米。

园主陈继儒（1558—1639），字仲醇，号眉公，松江华亭人，明代文学家、书画家。自幼聪颖能文章，内阁大臣徐阶很器重他，希望他与自己的儿子一同读书。陈继儒为诸生时，与董其昌齐名，远近的名士都争相与他结交，希望成为师友。当时文坛领袖如太仓王世贞、王世懋兄弟，王锡爵、王鼎爵兄弟等都很看重年轻的陈继儒。但是陈继儒29岁时，把儒学衣冠焚烧丢弃，从此隐居于昆山，在此修筑草堂，焚香闲坐，修养心灵。后来又在东佘山修筑屋室，专心著述。即使朝廷中有人多次举荐他为官，他都以疾病谢绝。他的主要作品有《陈眉公全集》《小窗幽记》等。

陈继儒在建小昆山读书处时，由于资金不足而得到不少好友的资助。其中一位资助他们的好友是王衡。王衡，字辰玉，江苏太仓人，万历年间进士，翰林院编修。王衡是诗文名家，人称王太史。陈继儒不仅与王衡本人联系紧密，还与王衡的父亲王锡爵、儿子王时敏交往颇多。王锡爵是文坛大学士，王时敏则是一位才华卓著的后起之秀。

王时敏，字逊之，号烟客，晚年号“西庐老人”。他文采早著，明代官至太常寺少卿。明末后，居家不出，在家乡奖掖后进，名德为时所重。王时敏少年时，画得董其昌真传，又对黄公望墨法领悟很深。其画风在清代影响极大，晚年他成为画苑领袖。他开创了山水画的“娄东派”，与王鉴、王翚、王原祁并称明末清初画家“四王”，加上恽寿平、吴历，合称“清六家”。

湘玉堂　杨柳桥

小昆山读书处在小山的坡上，坡上有一座堂，三开间，室内窗明几净。堂的周围全是翠竹林，打开前后门窗，苍翠如玉的光色满屋。堂叫“湘玉堂”。

堂主用黄石建了两道矮墙，把竹林的东西两面围住。南面用木槿做成篱笆，成为植物的墙。堂的三开间里，东边这一间的窗外种了几株芭蕉树，夏天的时候，窗外芭蕉的叶子又大又绿，还有红艳的花朵，特别美丽舒适，故此题名“蕉室”。堂主在蕉室内供奉着陆机、陆云两位文人的像。

湘玉堂后边东北方向，有一处岩石崖壁陡峭高耸，高达数十米。岩石的颜色是紫褐色，从堂后看，石壁奇丽。岩石上有石楠树，石楠树的叶子就附着在紫褐色的岩石上面。这里叫“赭石壑”。堂后的竹林中有小水池，水上浮着一些绿萍，显得非常清澈灵动，有细小的鱼出没其间，小池叫“蝌蚪湾”。池水弯弯曲曲，一直绕过院子的西面。

堂的南面，出了木槿树围成的篱笆门，前面有溪水绕过。溪水非常浅，水也不急。

黄石短垣

浅水里种了水生的菱角，菱角开花的时候像一片红霞。这里叫“红菱渡”。

溪水往东流去，穿过柳林。溪上设了一条小的板桥。大的杨柳垂在板桥的周围，柳树成荫，小桥如在绿色的帷幕中，这桥叫“杨柳桥”。

溪水再往东流，又设了一个小的水坝，水坝存蓄溪水，变成一片几亩大小的水池。水池的水很浅，水下的石头清晰可见，踩在水里，水只没过小腿，这池叫作“洗鹤溪”。

小池的北面是大片的竹林，沿着缓缓的山坡往山上蔓延。在竹林里，园主选一个稍微高点的地方，建了一座小亭子，叫“花麓亭”。

在堂边竹林的一角，园主开辟出一片平地，准备用来种花。园主想引种名花，量要多，种类也要多，要种成一片名花的花圃，叫“乞花场”。

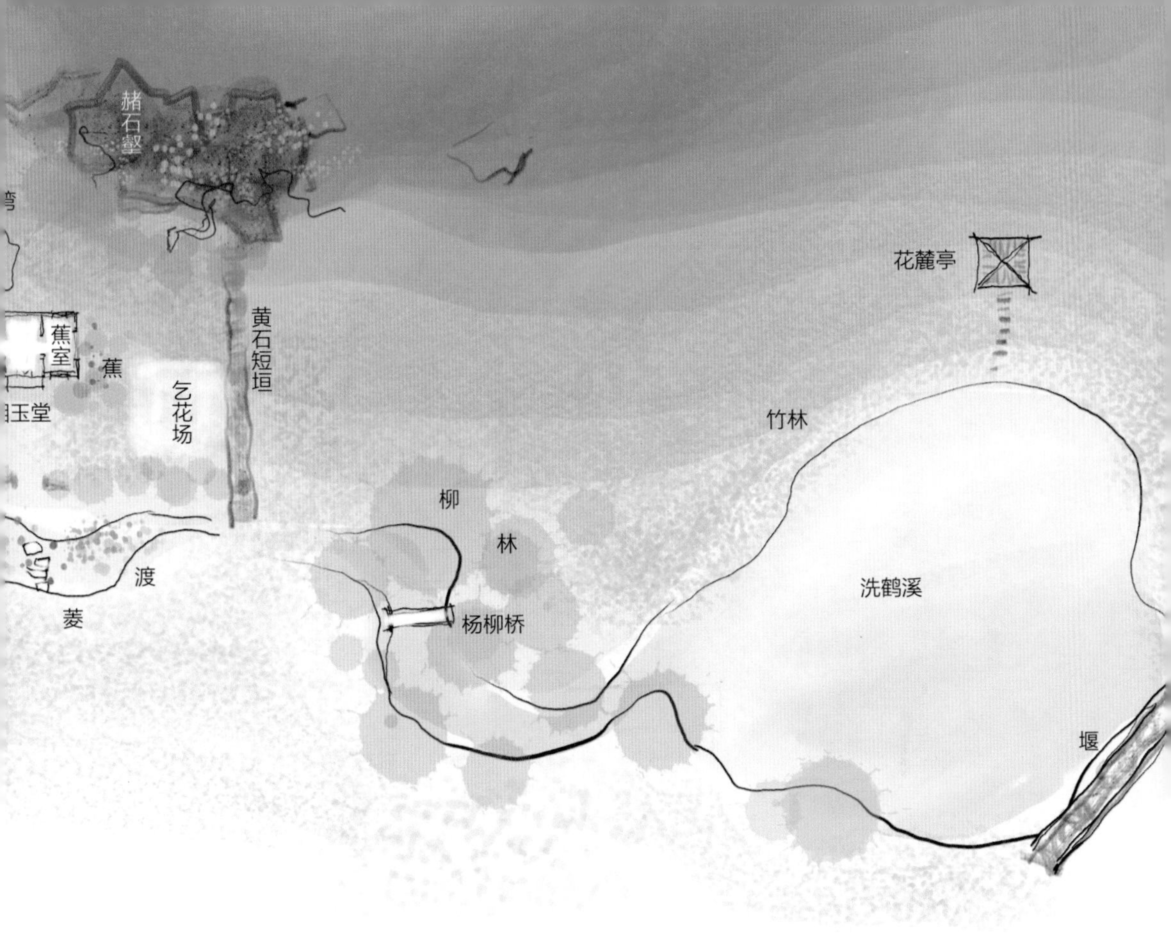

平面示意图

园境重构分析

平面重构

园位于半山缓坡的环境中，缓坡上满是竹林。有一处很小的溪水缓缓流过，流经之处有一丛老柳树。

园很简单，西部在石崖前面围一个小院，院内建一座堂。在东部蓄了一池浅水，在竹林的岸上建了一座小亭。柳林之间的溪上架了一座小桥，叫“杨柳桥”。

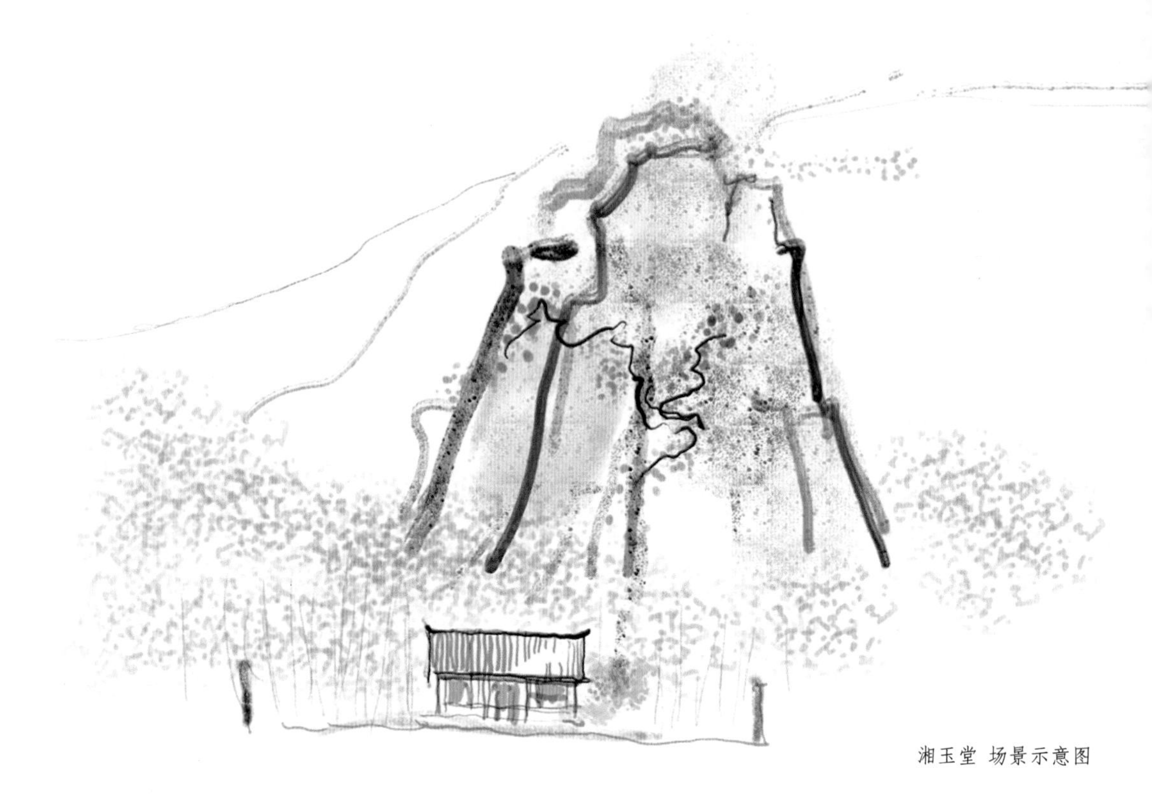

湘玉堂 场景示意图

场景重构

○ 湘玉堂：堂在竹林中，左右有石墙，堂后有崖壁高耸。

○ 红菱渡：门前清溪，种植菱角，花开如红霞。

○ 杨柳桥：小溪穿过杨柳林，小路穿过杨柳林，小桥跨溪于柳荫中。

评

○ 这园十分散淡，建设得很少，也没有专门的园墙园门，没有入园路的引导，两个潇洒人偶然来住。弇山园主王世贞为之做记。若将此园与王世贞的弇山园相比，真是两个极端。

○ 园各处的命名很是不俗：蕉室、蝌蚪湾、红菱渡、洗鹤溪、花麓亭、乞花场。以文传名，园的名声却不输他园。

红菱渡 场景示意图

杨柳桥 场景示意图

形—势分析

[1]

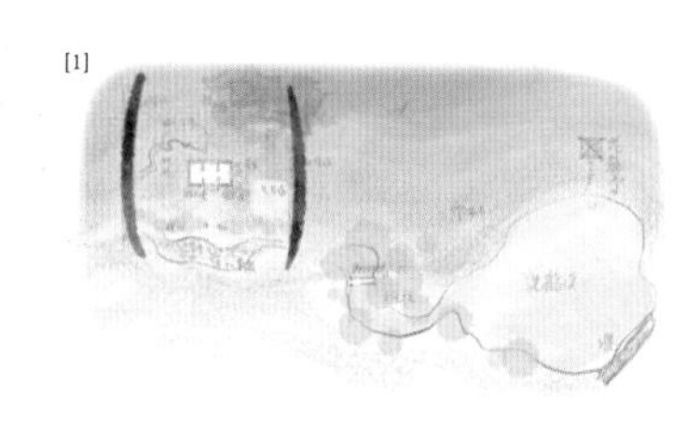

湘玉堂

势： 清幽—明艳。

形的条件： 竹林，后有高岩壁，下有小溪。

形的设计：

1. 黄石矮墙圈竹林，为竹院。[1]

优点：让散在的石壁、小溪、竹林集合为院内的景观条件。

[2]

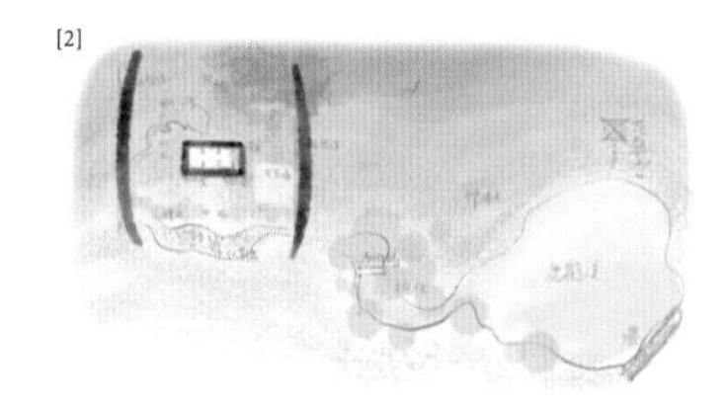

2. 设堂于院的中央。[2]

优点：○ 堂在竹林中间，得清雅幽深之势。

○ 高石壁和小水池组合，高峻瑰丽和清雅细致，都藏于堂后。

[3]

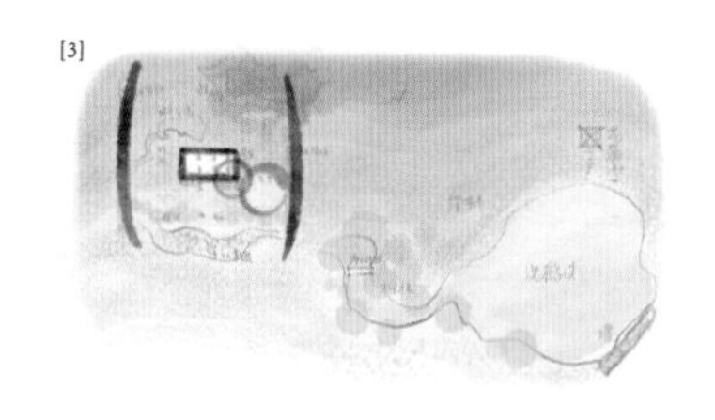

3. 堂的东间营造：室内窗明，室外芟去竹林种芭蕉、种名花。[3]

优点：竹林中一处小花庭，与室内相映，素雅中营造明艳。

[4]

杨柳桥及溪水

势： 浓。

形的条件： 一丛老柳林，有溪穿过。

形的设计：

1. 引小路入柳林，体验浓荫。

2. 建小桥跨小溪，体验浓荫下的溪水。[4]

评

一溪四用，以水率园。

○ 后院，委婉竹林间，清幽。[5]

○ 绕院门前，养红菱设为渡口，明艳。[6]

○ 入柳林，做小板桥，别是一片浓密处，清奇。[7]

○ 做小坝，蓄成数亩水池，细密林中开阔处，明亮而散淡。[8]

[5]

[6]

[7]

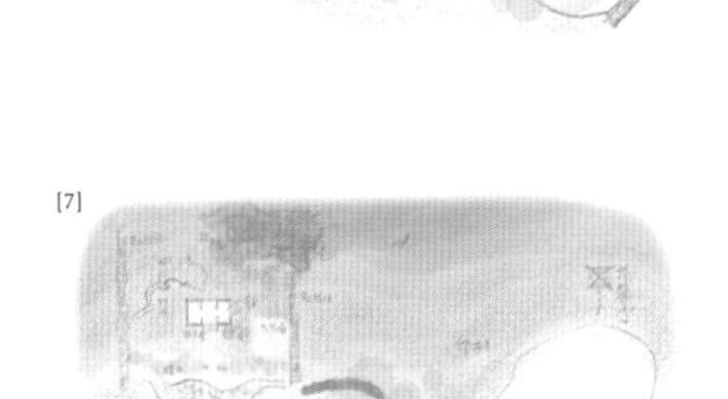

[8]

沙上石壁，爲『蘿壁』，高可尋丈，怪石倒綴，藤蘿纏繞。下有磐石，可坐而釣，謂之『釣石』。重陰遮覆，則『柳塘』居東南。谿『柳塘』曲阜，度『行休橋』，有屋數椽，周列闌檻，可步可憑。屋下貼石固岸，引水爲籬落，倚山爲屏障。署其南向四楹曰『可止軒』。軒傍小室，環擁古書，主人終日焚香兀坐，或掩卷注思……軒前草亭，獨居中流，爲『一鑒亭』。北則架木爲閣，下可通舟，軒窗洞豁，與『一拳山』對峙，巖花野卉，叠相開落，魚躍鳶飛，妙思無涯。主人之處斯閣也，百慮冰釋，靈臺湛虛……

——沈祏《自記淳樸園狀》

园境 · 明代五十佳境 · 第卌二、卌三境

淳朴园 | 柳塘 可止轩

淳朴园故事

所选园记为园主人沈祏的《自记淳朴园状》。

淳朴园在浙江海宁硖石镇西紫薇山。浙江海宁硖石镇历史悠久，古时曾先后是长水、由拳、嘉兴、盐官等县的县城，自唐代永徽六年县治南迁后，遂因地貌“双山夹水”改名“硖石镇”。

紫微山又称西山，位于海宁硖石镇之西。沈山又称东山，位于硖石镇之东。山高虽不足百米，但两山对峙，一水一镇在中间，地景有势而动人。明初诗人贝琼（清江）曾称其为“海昌第一峰”。

园主沈祏是浙江海宁人，字天用，号紫硖山人。他建造淳朴园，读书慕古，啸

傲其中。正德、嘉靖年间，与许瀹、许相卿、董方等结社吟唱，著有《淳朴园稿》。

柳塘 可止轩

淳朴园中有一处水塘，不大，叫作“柳塘”。柳荫重重围绕在水塘周边。西岸边有一座很大的石壁，高一丈多，形状古怪，密密的藤萝缠绕着石壁。壁下有一块磐石，可供人坐着钓鱼，叫作“钓石”。

过了柳塘，山间小路曲折，靠着小山有一座建筑，有好几开间。建筑外围檐下做了栏杆，配有栏杆的檐下空间沿着房子外围，前边是水面。沿着栏杆散步，倚靠在栏杆上观景都很惬意，这座建筑叫作“可止轩”。

轩的旁边有一座很小的屋子，室内周边书架上都是古书。主人在这里环拥古书，终日焚香阅读，掩卷沉思。

轩外的水面上，建有一座亭子，名为“一鉴亭”，亭伸进池水中，低低的离水很近，水面如镜可鉴。小亭位于水中，倒影如镜。

亭的北面，在水上又设一座小阁。阁下边用木梁柱高高架起，可以通船。上到阁内，四面轩窗洞豁，非常开敞，阁叫“涵虚阁”。阁上远望，可与园中另外一处的小山对峙。花卉在远山上开，鱼儿在下面水里游，鸟儿在高天上飞。园主人坐在阁楼上，心里空明寂静，各种忧烦的事如冰雪融化一净，心中一片清静美好。

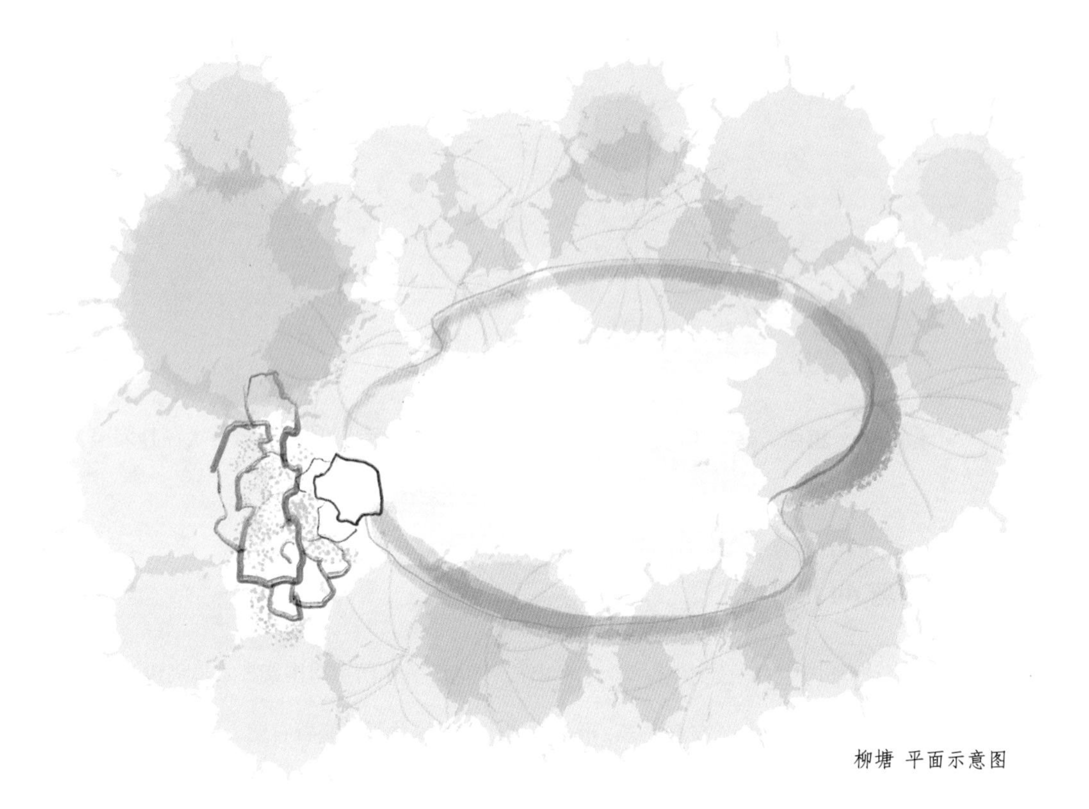

柳塘 平面示意图

园境重构分析

平面重构

柳塘是柳荫围合的小水塘，有一组古石、野藤。

剖面重构

园中另一处水面较大，水池边有一组建筑，即可止轩，轩外栏杆临水，轩旁有小室封闭。水中有小亭贴近水面，一侧有阁高架于水上。

柳塘 场景示意图

可止轩 场景示意图

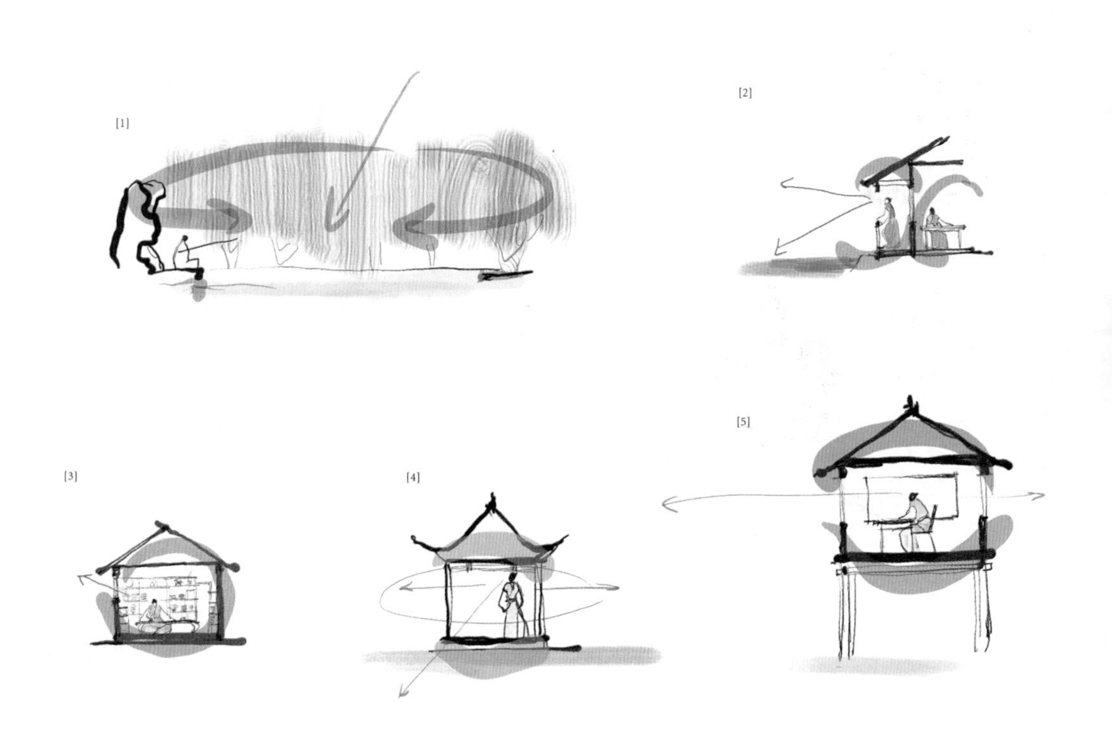

形—势分析

柳塘

势： 深静、古野。

形的条件： 柳树沉荫，中有小塘。

形的设计： 岸边建石壁，植古藤，设磐石。[1]

优点： 于柳林静堂之中营造古野之意。

可止轩一区

势： 自在、明澈、静、轩畅。

形的条件： 有水池。

形的设计：

1. 建可止轩，设檐廊朝向水面。[2]

优点：沿廊自在徘徊于水边。

2. 轩边建小室。[3]

优点：内向、小而安静专注。

3. 池上建小亭。[4]

优点：亲水，从亭观水如镜，从岸观亭池，倒影如镜。

4. 池上高架小阁。[5]

优点：高而轩畅，在水上面更有临虚空明之势。

专题六 | 不同的建筑，有什么意味吗？

淳朴园的园主在一片水岸边建了四处建筑，四处建筑各有特点，没有雷同。为什么要在小池边建如许多的不同建筑？

回顾前面讲到的遵晦园，在山顶上建了两座不同的建筑，一座是浮紫亭，一座是天风阁。在山顶上做工程很困难，面对同样的风景，少建一座不行吗？

中国园林的建筑，有亭、台、楼、阁、堂、轩、廊、榭等多种不同的形式。在现存的清代园林中，我们看见满园建筑各不相同，往往很密集地建设在景观环境差别不大的位置上。明代，园林中的建筑量似乎少很多，但也出现了同样的多建筑集于一处的情况。

本专题要借园记来探究一下其原因。

我们可以从三个角度切入：

1. 建筑的围合特点。

2. 建筑在景观中的位置特点。

3. 人的感受特点。

淳朴园的建筑：

1. 可止轩外栏杆。

空间是窄长条，两个端头开敞，背后有墙围合，上部有屋檐围合，前面有的栏杆半围合，围合空间的剖面略呈C形。栏杆在水边，其长向C形开口开向水景。人在廊子里“可步可凭”，安然而舒畅。这是长条形单向敞开的围合，比较松散。

2. 轩旁小室。

空间很小，十分封闭，只开小的高窗，有光亮透进来。室内四周界面不是光的墙，全部都是书架，是小而紧密的围合。

小室在水边，却不向水面方向敞开。

“主人终日焚香兀坐，或掩卷注思。”这个围合得小而紧密的环境，虽在水边，却不向水中张望。紧密围合给人以安全感和静谧感，使这个空间具有独特的气氛。这是小而严密精致的围合。

3. 一鉴亭。

空间小巧。围合面是上与下，顶面的围合略大，四周都是开敞的，有柱作为四周围合的框架。亭位于水面中，位置很低。四周水面低而平，上方的屋顶也向下压缩视野，使人关注水面的情况。水平如镜，从岸上别处看此亭，也如在水镜中。这是小而低平展开的围合。

4. 涵虚阁。

涵虚阁也在水中，但与亭不同的是空间位置要比亭高许多。阁的围合要比亭严密，阁的空间也比亭要大，亭是小而更加开敞，阁是大而围合更加完好，其围合可以如意敞开。阁架空于水上，从阁中可以远望。“主人之处斯阁也，百虑冰释，灵台湛虚。”在阁上远望，人能够脱离烦恼。

从园记中可以看到，这一组建筑在水池周围，用不同的位置、不同的围合，给人以不同的心理影响。园林里建不同的建筑，通过建筑，把观景者的心理状态做了非常多的设计。

5. 柳塘。

柳塘没有建筑，但也有围合。人所处的位置背后围合以石壁，上部围合以藤蔓，下部是磐石，可以说这是一个小 c 围合；水面不大，周边柳树，是个柔软稀松的、可被风吹动的环围，这是一个大 C 围合。大小围合相对、嵌套，小 c 很硬实，大 C 很松软。

用自然元素围合，是园林中多用的手法，这实际上也是一种空间围合的设计。

从淳朴园我们可以看到，建筑的围合在契合人的观景需求时，做了很独特的发展。从这个角度我们再回溯安徽的遵晦园：山顶有一座亭子，还有一座阁。这两个地方地势差不多高，可见的景色也很接近。为什么建了亭子以后还不够，还要建一个阁呢？

园记记述了两处关注的不同景象。天风阁中看到的景象很多很细，人处于阁中，周边围合得非常好，窗可开可关，人心里是非常安定

遵晦园 重构图

的，观察可以比较敏锐细致，而架高一层，又有超脱感，观察带着一定的思考，看远近的山、江河、小路、池塘、田地、农人。

浮紫亭却不同，山顶亭子太开阔，围合太少，人的心还不能平稳。只有日出日落，云霞灿烂的大景象才容易入眼。比起只有山，有台有亭还是为人提供了较为安心的条件。

不同的围合对人的心境有不同的影响。用建筑营造各种围合，可以对围合方式、大小程度等调节得十分精细微妙。由于赏景需求的多样和微妙，就孕育构造出不同的建筑形式：亭台楼阁，轩堂廊榭。中国古代木构建筑本身的构造逻辑以及美妙形态，在自然景观中运用得贴切，还会增加如画的景象，可谓一举两得。这是中国古代的园林景观与建筑学交织的独特经验。

在一处特别的园境中，让赏景者进入一处准确有效的围合里去体验周边的自然景观，这是我们对园林当中建筑围合、建筑的各种形态、建筑的景观意义做出的一种新的解读。

在景观当中不同的位置，用一个个不同的围合来帮助调校人的观景状态，使得赏景人更敏锐、更透彻地去感受这个景观，这是非凡的创造，这相当于把赏景这件事通过细分来深化。研究实体园林，很难看清这一点，而在古代园记这样的文字素材中，却隐藏着开锁的钥匙。

臺右渡石梁，乘長堤，楊柳依依……堤竟而緣陂陀達于岡……隴之下，方渚水曰『荇湖』。湖中多石，爲山如削成，曰『小山』。有陟，有英，有嶠，有嶧，有蜀，有密，有盛，有㠊，有隋，有厓，有章，有隆，山體備矣。其下水石相錯，成聲成色，殆非一狀。拾級而上，曰『南陔堂』。飛檐文宇，爽塏精整。堂前後臨湖，小山如幾可憑。其西平沙幾割湖之半，受月爲佳，曰『明月渚』。渚有曲橋，自南陔北分荇湖爲曲沼。沼上碧梧若干，輔之以奇石，嵌空瑩潔，曰『石林』。有樓，曰『清綺』。踞南陔上小山，荇湖悉歸目境。

——李維楨《毗山別業記》

毗山别业 | 南陔堂 明月渚 石林

毗山别业故事

毗山别业建于明代后期，位于湖州市东6里，虽仅高55米，却是一座“水逶迤，山秀拔”的好山。明代成化年间的《乌程县志》说：“县东北五里大溪上，突然独峙，与城相毗而近，故名。”

毗山山清水秀，北麓有毗山漾，碧波荡漾；南有苕溪，舟楫来往；东北有塘河，沿山环绕。登毗山，远眺太湖，近瞰湖城，均十分相宜，因而吸引了历代文人。南梁时，吴兴太守柳恽在山上筑毗山亭、读书台。宋代，吴约仲在毗山筑“旷远亭”。明代的潘季驯在此建毗山别业。

潘季驯（1521—1595），字时良，号印川，湖州府乌程县（今浙江省湖州市吴兴区）人，明代中期大臣，治理黄河的水利专家。潘季驯于万历十二年（1584）被贬回故乡湖州，于毗山建园。本案例主要研究的材料是李维桢的《毗山别业记》。

李维桢（1547—1626），字本宁，湖北京山人，明代末年大臣，历史学家，有《大泌山房集》134卷及《史通评释》等流传于世。李维桢的诗学思想开放圆通，使他的交游范围非常广泛。《大泌山房集》内容庞杂之极，对当时盛行的文人结社有颇多记载。李维桢也写下了很多园记。

南陔堂 明月渚 石林

案例是明代浙江湖州的毗山别业。湖州是水网地区，毗山在一座小城的南边，这里有山有水。入园有小平台，高树投下树荫，一座石桥连接长堤，长堤杨柳依依，柳树高高的，树下清凉幽静。长堤尽头，有一座小亭对着山岗。山下有湖，叫“荇湖”。荇湖的水和毗山的山脚交织连接，湖水比较浅，水中有很多石头，像一群小山冒出水面，石头的造型非常好看，如刀雕刻过。湖水在这些漂亮石头的脚下波动，水石相错，有声有色。

过了浅湖石滩以后，拾级而登，上到园内主要的堂，叫作“南陔堂”。堂高爽、轩敞、精致，堂的前后都临着湖面。堂的东边，小山继续高起，堂侧倚着山脊，像是凭靠着一座小几。堂的西面地势向下，有一大片沙洲伸到湖里去。沙洲形态又长又弯，像一弯月亮伸入湖中，几乎把荇湖分割成前后两半。沙洲上也是夜晚看月亮最美的地方，因此叫作“明月渚”。

明月渚往北，堂之后有座曲桥，曲桥把堂后的水面分开。曲桥以东，即小山之北，有一片不宽的水面弯弯曲曲，叫“曲沼”，两岸都是高高的梧桐树。这一片水面在高高的树荫下夹着，水很浅，水里也有很多奇特的石头冒出来，此处叫“石林”。毗山

明月渚场景示意图

上有一座楼，叫作“清绮楼”，从楼上看，荇湖、小山、沙洲、石林……全园的景色尽收眼底。山后的水面出了石林蜿蜒往东，水面变大，又像一片湖面，水中种了一大片荷花。在山边上有一处泉，清澈的泉水不断涌出来。园林沿着山边水面，有各种建筑和景致。

最后，水离开山继续往东，开始往远处流去。山上高处有平台，可以远望溪山楼阁，水云烟树。

园境重构分析

平面重构

湖面和沙洲是一个开阔明朗的空间，柳堤和山后曲沼密林是两个浓荫密布下的环境。两个密林环境一个直通直对山岗，是陆地；一个曲折委婉林下流淌，是水面。 浅水中置奇石于山前山后

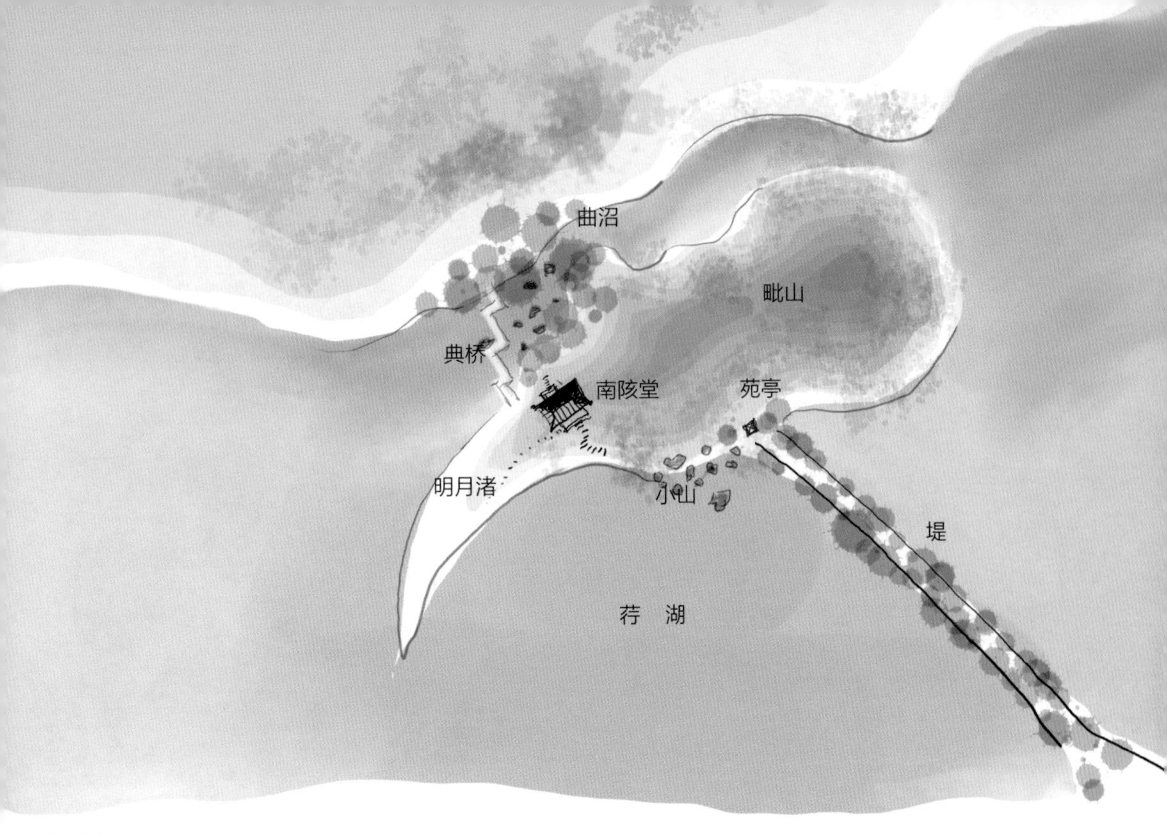

平面示意图

两处，山前融于明朗的山水之间，山后置于浓密的林荫之下。南陔堂骑在山脊偏斜处，明确地将山前设为堂前，将山后设为堂后。

场景重构

南陔堂的设置，不像一般的堂背山面水。南陔堂虽有轴线，并不把山、水组织到堂的南北轴线上，堂的位置是骑在山脊的斜下方，堂的东面是山脊上方，堂的西面是山脊斜下直至长沙洲明月渚，一直延伸到湖水中，堂的南面、北面都临湖水。

南陔堂格局与一般的堂不同，四向的景象也奇特。夜晚在堂西沙洲之上望月亮，是很美好的享受。

石林场景示意图

场景重构

堂北曲桥，分出曲沼。两边岸上高梧桐树夹峙，水面奇石凸起，环境幽深而晶莹。

形—势分析

[1]

[2]

势的要点： 高爽—低平，旷朗—幽深。

形的条件： 小山小湖交织，小山伸入湖水成沙洲，山背水岸有树林浓荫。

形的设计：

建堂，骑在小山山脊之半。

优势：

1. 堂骑在山脊。利用堂的“向”“背”彰显用地原有的旷朗—幽深两势。堂前即山前，旷朗而极简；堂后即山后，幽静深邃而丰富。山前山后两组浅水奇石，一开阔明朗，一深邃曲折，都很奇特有势，而互相反衬。[1]

2. 堂在山脊之半，将山脊原本连续渐变的高低断开，标记为堂东的高势和堂西的低平势，彰显高爽—低平各自的优势。阶上高堂建得高爽精整有势；堂西明月渚平沙浅水，望月有势。[2]

徑窮，有洲如月，望遠樹如薺，上則『杯山』矣。山半峙湖中，從湖視山，如杯；從山視湖，還如螺泛泛于盆中也。陟其巔，魚游樹杪，人行鏡中，樹影俱從中流而見。走山麓，則『聽鶯弄』也。……弄北有橋，橋可百武，目力所際，波遥似岸，岸外固湖也。每風發水横，鳥難徑度，輒擇邊而飛。橋最宜月，秋澄輪滿，迫以驚湍，勢不能負，泠泠有聲，其被于地，人以爲霜也。……

橋之南古柏林立，皆宋、元物也。……植緋桃百株，紅妝臨水，嫣然可愛。……叠嶂夾天，角立競出，長江一綫，時見樹杪，帆影千章，半落酒杯。……

旁攣一山，往來水上……衝寒梅放，香聞十里者，『浮山』也。山空無人，花自開落，參差遠樹，微露綺疏，是爲『秋聲閣』矣。……横舟而渡，林木翳然者，『蕭齋』也。……故一丘黄小，備報登臨之巧者，蓋欲終老于其中也。

——蕭士瑋《春浮園記》

园境 · 明代五十佳境 · 第卌七境

春浮园 ｜ 杯山

春浮园故事

《春浮园记》为园主萧士玮自记。园位于江西省泰和县柳溪村边，园主世居柳溪村。明代时，村外有大湖，水木幽茂，颇类山谷。

园主萧士玮（1585—1651），明末诗文作家，字伯玉，江西泰和人。天启二年（1622）赐同进士出身，授河南知事，南京吏部郎中、太常卿。归家以后，居春浮园中著书。园记中说“壮心已尽，深情犹存，一丘一壑，聊以极余情之所至耳。嗟乎！情非我能忘之也”。萧士玮居家乡柳溪村春浮园乐道以终，著有《春浮园集》。

杯山

春浮园在江西泰和县西郊外农村，地有平田、湖泊和此起彼伏的小山丘，赣江从远处流过，春浮园位于一大湖之侧。

园中有一座堂，堂前有池，有树。堂的旁边往东去有一段廊子，再往前是一条路，这条路穿过一片比较大的竹林。竹林沿着湖，长得很茂盛。从这条路隐隐能看见竹林外的湖水，可是小路还是被竹林围合着，清幽可爱。

路穿出竹林，就看见湖水，水中有一片沙洲，洲的形状像月亮，弯弯地伸到湖水之中。洲的这片平地上面，连着一座小山，山从湖和洲交界的地方拔地而起，一半在洲上，另一半浸在湖当中。山虽然小，但是陡峻，山叫作“杯山”。山的形状不是一个山包，而是一个大环，环有一个缺口。如果从湖上去看，山就像一只杯子似的。因为山有一半在湖里，杯山里面就围着一杯湖水。从山上再往下看，山环着水，就像从高处向下看见一盆水。

从杯山一边的山脊往下看，对面的山和树木的倒影都映在水里。杯里见水面山林倒影，而倒影下面又有鱼在游，好像鱼游在树梢上似的。如果对面有人在山上走，就好像走在镜子里。

山脚下有一条窄窄的路，非常幽静。走在窄路上听林中的鸟鸣，清脆悦耳。从这条山脚下的路环池走到头，出了林子往北有一座桥，桥跨在大湖上，有几十米长。再看桥外大湖，湖面非常宽广，看不到边际。大湖上的风时时吹过来，把水吹得波浪涌动。有时风吹得很急，不仅人待不住，连天上的鸟好像都会被风给吹得不敢向着大湖方向飞，只能挨着山边在林间飞。

桥上最好的景色是在月夜，一轮明月从水面出来，把水面微波照耀得非常清亮，天水澄澈，静夜中能听见细细的水流声，和着湖上的风声。水光罩在大地上，好似

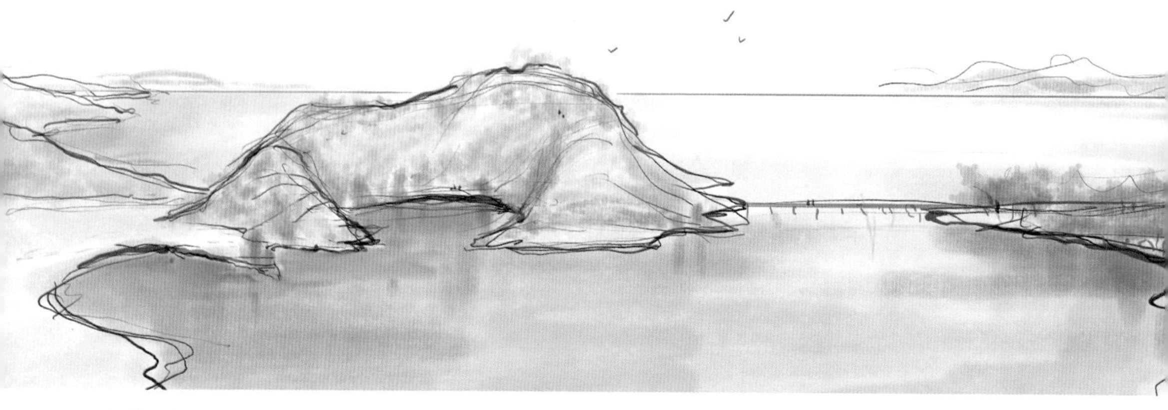

场景示意图

大片的白霜，非常漂亮。

走过桥去，对岸是一座岛，桥头古柏林立，柏树都是宋代或者元代的古树，巨大而遒劲。桥轻盈地跨过水面，通到一片古老茂密的柏树林中。岛上有一大片竹林，林中有一小丘，古藤寿樟遮天蔽日，湖岸桃花百株。再往前是陡峭山峡，出峡见远处赣江一线，帆影千章，湖水碧蓝。

湖中另有一岛叫“浮山”，乘船过去，山空无人，大片梅花盛开。园主建了“秋声阁”，于其中观四季景象变化，可以忘忧。

乘船再渡，又一处小山，林木翳然。园主建了一座小斋，山上可望大地远山，下山再经林田，回到堂后。

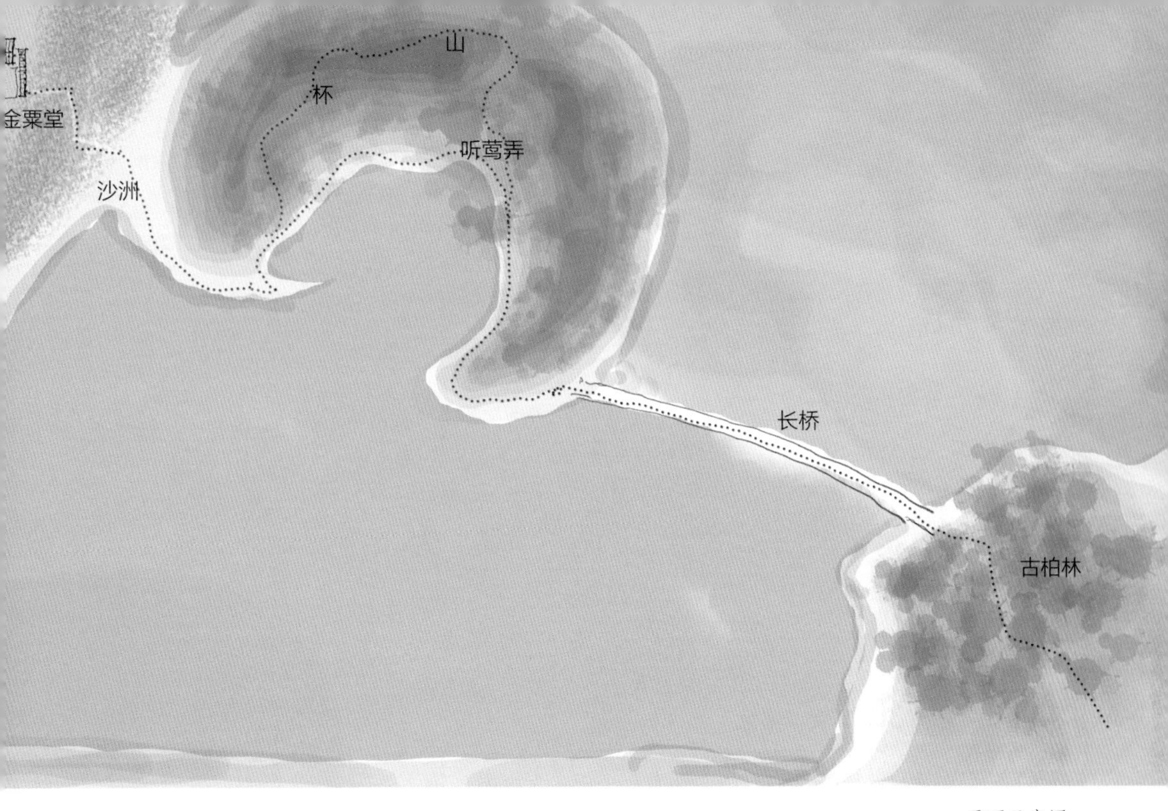

平面示意图

园境重构分析

平面重构

大湖水面与岸交错，水岸之际有土坡小山，大水中又有岛屿陆地。

春浮园从陆地跨过水面，到岛屿上，向北环游，杯山就是跨水面的一组园境。

杯山是一座环形小山，一头搭在陆地沙洲的端头，一头落在湖水之中。山的中央是空的，湖水进入空山中，变成山中内湖。园路在杯山有两条，一条上山，人可在山脊上走，一条在内侧的山脚，环内湖而行。山上树木茂盛，内湖清澈有鱼。

杯山端头，一座长桥跨水，连接岛屿。桥上视野开阔，能够感受大湖的波澜与湖风。岛上是古柏树林，由此去往春浮园其他园境。

形—势分析

势的要点： 内聚—外开，沧桑。

形的条件： 大湖小湾，环形奇山，环内有小湖，大湖中有岛。

形的设计：

1. 杯山高处设小路。[1]

优点：从高处向下看杯中小湖倒影，如在镜中，水中游鱼如在树梢间。

2. 杯山山麓内侧设小路。[2]

优点：视线封闭，心静欲眠。林间鸟鸣，环山围拢，水面反射，鸟鸣声格外娇嫩婉转。

3. 长桥跨水上岛。[3]

优点：○ 从视线封闭的杯山内出来，转上长桥，大湖突然呈现，从小境到大境极目无际。

○ 长桥跨大水直入古柏林，古林浮于大湖中，浩渺而沧桑。

[1]

[2]

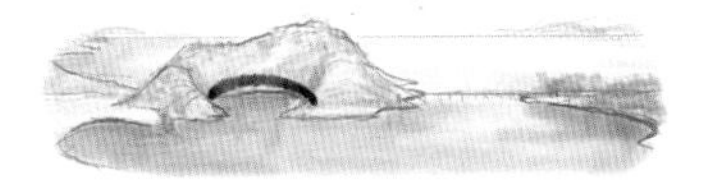

[3]

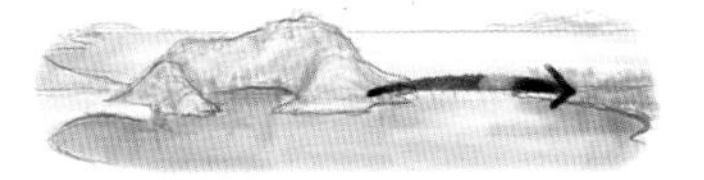

专题七 | 春浮园 梅花墅对比

春浮园长桥与梅花墅流影廊，都是大湖与水湾之间的转换，一大一小两境。

江西春浮园是平桥，大气洒脱，自然豪迈；江苏梅花墅流影廊是廊桥，小巧细致精美。

春浮园在江西，江西的园林同苏州一带风格差异很大。园记里收录江西的园并不多，但是展示了江西的园林景观不同的风格。中国的私家园林不是只有苏州园林的温婉细腻，还有一些比较大气洒脱、豪放的做法。营造少而非常自然，园境的势却强烈而独特。

我们将这些园林重构分析、呈现出来，能够对中国大地上古代存在过的园林设计，有多一点的了解。

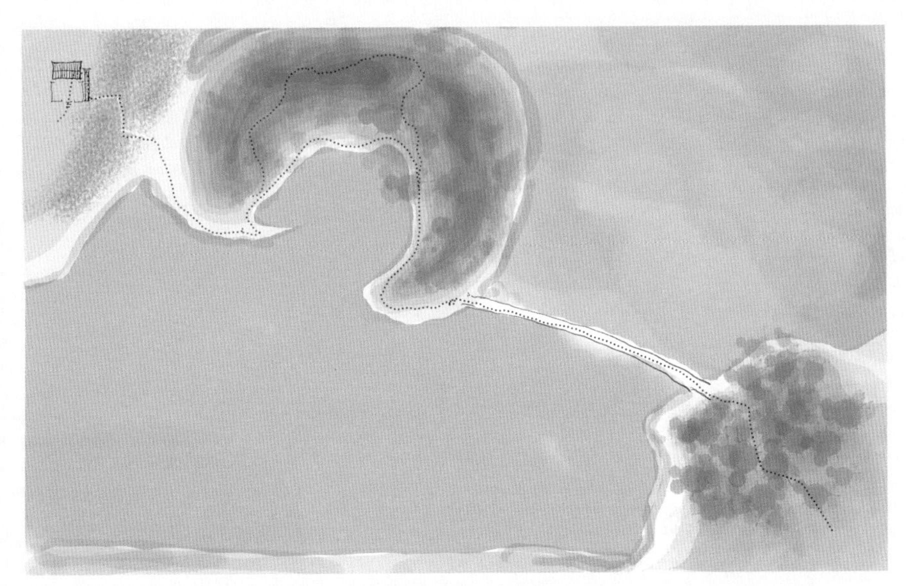

春浮园平面示意图

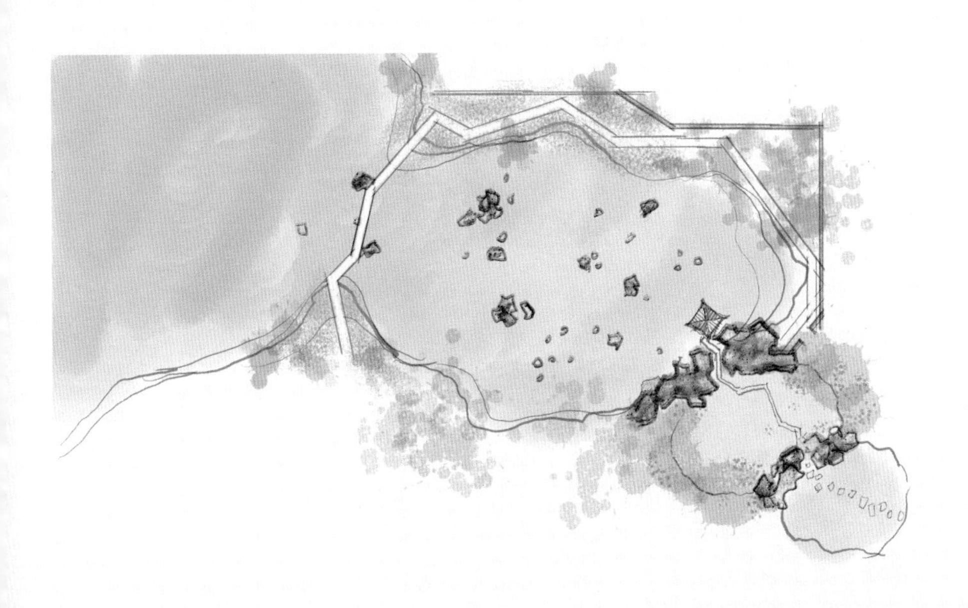

梅花墅平面示意图

辟其户東向，署曰『寄暢』，用王内史詩，園所由名云。折而北，爲扉，曰『清響』，孟襄陽詩：『竹露滴清響』。扉之内，皆篔簹也。下爲大陂，可十畝。青雀之舳，蜻蛉之舸，載酒捕魚，往來柳煙桃雨間……長廊映竹臨池，逾數百武，曰『清籞』。籞盡處爲梁，屋其上，中稍高，曰『知魚檻』，漆園司馬書中語。循橋而西，復爲廊，長倍『清籞』，古藤壽木蔭之，云『鬱盤』。廊接書齋，齋所向清曠，白雲青靄，乍隱乍出，齋故題『霞蔚』也。廊東向，得月最早，顏其中楹曰『先月榭』。

——王穉登《寄暢園記》

园境 · 明代五十佳境 · 第卌八、卌九、五十境

寄畅园 | 清响 清蘌 郁盘

寄畅园故事

寄畅园，旧名“凤谷行窝”，明代嘉靖年间由宋代著名词人秦观的后裔——端敏公秦金所建造，园在无锡惠山之下惠山寺之左。园记中记录的是万历年间的寄畅园，时任园主秦耀。园今尚存，位于无锡市惠山东麓的锡惠公园中。明代建造的园林中，这是到今天仍然保持原来山水大体格局的极少数的硕果之一。园林仍然优美，但是今天情况也已经与明代园记所记载的有很大不同。

寄畅园的园址在元代时为惠山寺僧舍，惠山寺位于惠山东麓。相传建于南朝，唐代重修，人称惠山古寺。明代嘉靖年间，兵部尚书秦金改僧舍为园林，名为“凤谷行窝”。园成于嘉靖六年（1527）。秦金过世后，园传给秦瀚，从那时起行窝常被

称作秦园，之后园有数十年荒芜。万历二十七年（1599），秦耀修缮并扩建园林完毕，易名为寄畅园。

万历三十二年（1604）秦耀在临终前将寄畅园分与诸子，清代顺治末康熙初，秦耀曾孙秦德藻又将分散的园林合并，加以改筑，请当时著名的造园家张涟（字南垣）和他的侄儿张鉽精心布置，掇山理水，疏泉叠石。张南垣叠山的特点“平岗小坂”在寄畅园得到发挥，园景益胜。康熙、乾隆两帝各六次南巡，都到此园。清末太平天国之役，寄畅园毁于战火。光绪九年（1883），秦氏后裔又集资重修，其中山石、池沼等仍能保持张鉽改建时的面貌，界址、面积也未变，但园林建筑、厅堂因力不从心，难以恢复原貌。日军侵占无锡期间寄畅园又遭破坏，断垣残壁，屋倾亭斜，水流淤塞。新中国成立前，园景衰颓，烟馆、摊贩充斥其间。1952年，秦亮工将寄畅园献给国家，由政府进行大规模修复，1955年对游人开放。1982年又进行大修，重建了嘉树堂、梅亭和邻梵阁，重刻了《寄畅园法帖》和《介如峰》碑刻。2000年，重建卧云堂、先月榭、凌虚阁等。

建园者秦金（1467—1545），弘治六年（1493）进士，明代著名官员，曾任“两京五部尚书，九转三朝太保”。弘治八年（1495）任户部福建司主事，后任南京礼部、兵部、户部尚书。嘉靖六年（1527），秦金因与首辅大臣张璁意见相左，便辞官告老还乡。嘉靖十年（1531），朝廷复起用他，先后任南京户部尚书、北京工部尚书、太子少保、太子太保、南京兵部尚书。寄畅园前身“凤谷行窝”即为秦金在第一次辞官期间建成。

园记作成时的园主秦耀，隆庆五年（1571）进士，累官都察院右佥都御史，巡抚南赣。在万历十九年（1591）遭到诬陷，被免职归家。之后，秦耀自万历二十一年（1593）起，修缮并扩建此前已荒废的凤谷行窝，耗时六年完成工程，改名寄畅园。

本案例选自明代王穉登所作《寄畅园记》一文。王穉登（1535—1612），字百谷，是万历年间著名剧作家，在金陵剧坛颇有影响。王穉登善书法，行、草、篆、隶皆精；也善诗文，一生撰著的诗文有21种，共45卷，有4种被收录进《明史·艺文志》,《弈史》被《四库存目》收录。

明代寄畅园最胜在用水，其特点为“得泉多而取泉又工”，细涧、飞流、大池的系列水景设计使得此园成就“一方之胜”。王穉登评价寄畅园水第一，山第二，植物第三，建筑第四。

寄畅园受到当时文人极高赞誉，王穉登称园“其胜出诸园上”，著名明代文学家、戏曲家屠隆称此园“甲吴会矣”。不过明末也有很多文人将此园与其相隔不远的邹迪光的“愚公谷”比较后，认为愚公谷的园景更妙，如《锡山景物略》中即列愚公谷第一，寄畅园第二。清代之后，由于邹氏愚公谷的没落和张南垣之侄对寄畅园的重修，该园成为无锡一地当之无愧的最胜园林，尤其是在康熙、乾隆二帝多次游历此园，并将其作为皇家园林颐和园谐趣园的范本进行写仿，此后寄畅园更加声名大振。

清响 清蘌 郁盘

寄畅园在明代，入口朝向和现在差不多，是东偏北。从外面一进来是一个小空间，高墙围合。门洞有匾额“寄畅”，右折有一个小门，门上题有“清响”的匾额，这是进入寄畅园的主门。

惠山是无锡当地的大山，寄畅园是一座比较大的园林。但是这个园的主入口墙很高，空间很小，门洞更小，不仅门小，进入以后还马上右转。

门上的“清响”二字源于一首唐诗，唐代孟浩然《夏日南亭怀辛大》有一句“荷风送香气，竹露滴清响”。

进了这个小门，是一片青葱的竹林，小路从绿荫的竹林中穿过。前方是一个很大的池塘，叫“锦汇漪”。池约十亩，在私家园林的池里，属于规模很大的。大池水色明艳，波光粼粼。池中有小船，造型轻巧漂亮，彩饰成青绿色。岸边嫩绿的柳枝拂动，粉红的桃花妖艳。池中小船往来，忙着捕鱼载酒玩乐，穿行于桃花柳树之间。天气晴朗时，景象灿烂绚丽，如同锦绣。

大池的水来自惠山泉水。惠山因其泉水而闻名，丰沛的泉水特别清透甜美，阿炳的名曲《二泉映月》描绘的就是惠山上的泉。著名指挥家小泽征尔第一次听到这首二胡曲，赞叹不已，说这首曲子必须跪下来听。

惠山的泉水“滋养”了山下多家园林，而山下的园林，以得到泉水的多少来分高下，寄畅园是得到泉水最多的园林之一。

入园路从竹林到锦汇漪水边，右边有一条长廊，沿着池岸向北面去。竹林也顺着长廊向北面延伸，长廊穿行在竹林中，一边是大池塘，另一边是浓密碧绿的竹林。

廊大概有40至50米长，题名叫作“清蘌”。古人在池塘中养鱼，用一种竹子做的笼子或者篱笆，防止鱼跑出去，这笼子就叫“蘌”。竹林沿着这池好像是池塘的一个青绿色的竹篱笆，廊子穿在竹林中，旁边是碧波涟漪的清澈池塘，人在碧绿的竹篱笆当中穿行，好像水中的鱼在清蘌中游玩。

清蘌廊走到头，也是这个池塘的端头，有一座桥跨过水面。桥稍微高起来一点，桥的上面建了一座亭子，亭上有一块匾，题名“知鱼槛”。

“知鱼”，又是一个造境的典故，是说庄子与惠子二人一同游玩。庄子见水中鱼戏，他说水里的鱼真快乐。惠子就说，你又不是鱼，怎么就知道鱼快乐不快乐呢？庄子回说你又不是我，怎么就知道我不知道鱼的快乐呢？有智慧的人在理解自然当中情景，产生智趣的想象。他们的对话风趣巧妙而具有哲理，这成为后人造园中常常追求的一种趣味和境界。“知鱼”，或者“濠梁”，成为造园的一个常用典故。

过了小桥“知鱼槛”往西，又连接了一条长廊，名为“郁盘”。这条廊子很长，比“清蘌”这条廊子要长很多。廊也是沿着池边，却和刚进门的池边不同。刚进门时池边地势比较平坦，水面是土岸平边。郁盘这边的长廊是沿着山边，山势起坡向上，长长廊子的一边紧靠着山石。山石上有很多古老的植物，古藤、古树茂密异常。树冠笼罩在廊子周边，古藤盘卷在廊子上。廊子一面厚重、阴郁，另一面却又临着明媚的大池。郁盘长廊隔着水朝向东面，夜晚，这里是看月亮初升最美的地方。背后是山，前面是大池，东面是月亮。廊子当中有一个开间设了一块匾，叫“先月榭”。

场景示意图

园境重构分析

场景重构

入口是高大的墙，有大门洞，内有小门，需要经过一个转折。门的位置离里面的大池非常近，通过入口处的转折和一进门的竹林阻隔，通过一条小路穿行进入，使得进门曲折幽深的感觉在短距离中形成。在外面看来高大、端庄、整齐的园门，迅速转换成一个小得离奇的小门扉，进入小扉，小路穿行竹林，颇有特点。

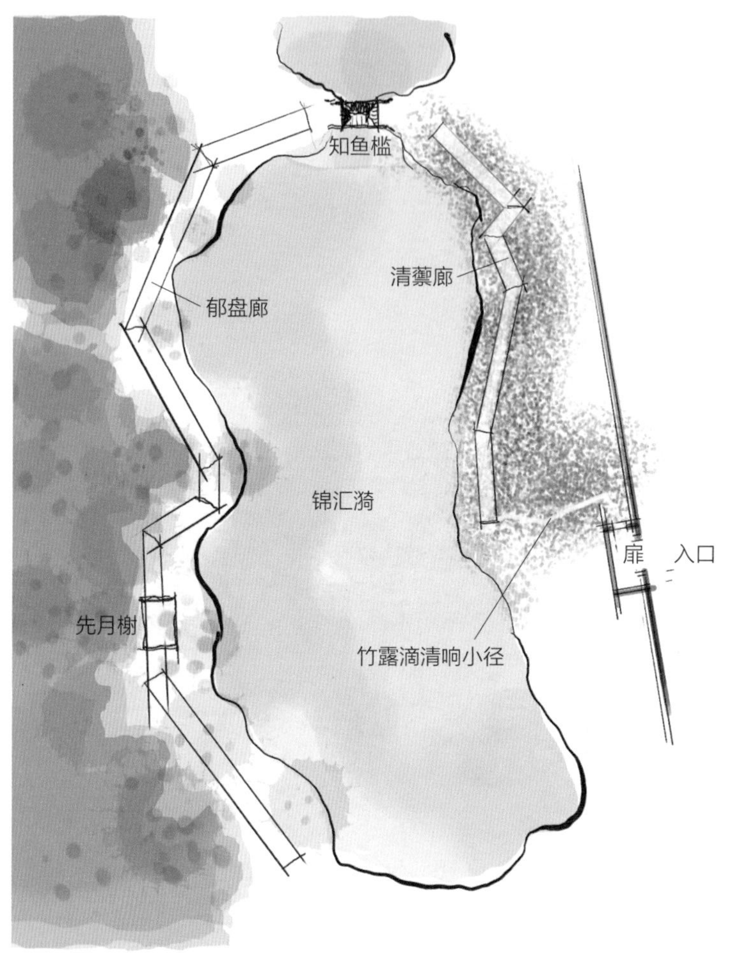

平面示意图

平面重构

大池的位置不在园的深处，而在很靠近园墙园门的浅近处。墙与大池之间的窄长空间以竹林充满，大池长形，长廊沿着池两面而建。清蘩廊穿行于竹林水岸，郁盘廊比清蘩廊长一倍，沿池沿山石古木而行。知鱼槛在池北端，先月榭在郁盘廊中。

剖面重构

东侧长廊“清蘩”从竹林里穿过，旁边是水池。西侧长廊“郁盘”紧贴山壁紧邻池水延伸，山上老树古藤纠缠长廊，远处可见知鱼槛桥亭在端头跨过水面。

剖面示意图

形—势分析

清响

势： 小—大，清—艳。

形的条件： 入口与大池过近。

形的设计：

1. 高园墙，大门洞，有大园气派。[1]

2. 转折，入小扉，从有气派迅速转成小清幽。[1]

3. 门扉内，竹林小径直对明艳大池，从小清幽迅速转为大明艳。[2]

[1]

[2]

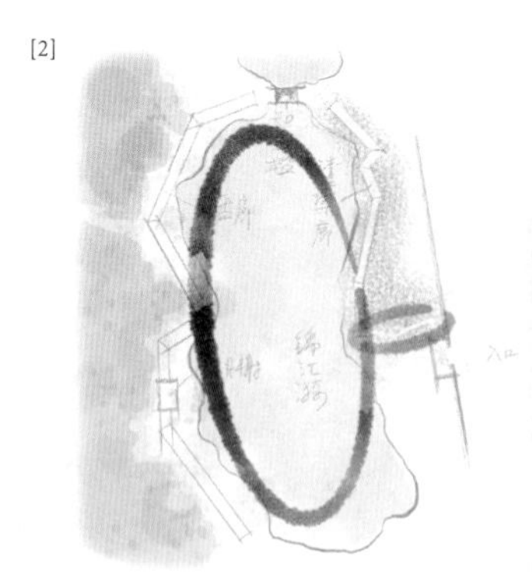

清蘌

势的要点： 清雅—艳。

形的条件： 沿池平地。

形的设计： 竹林沿池，长廊穿竹林。

优点： ○ 清雅势成。近竹，隔竹有水，兼得池水明艳。

○“穿”势明显。与小径穿竹林相比，长廊穿竹林更有形式感，穿得有势。[3]

[3]

[4]

[5]

郁盘

势的要点： 古野沉郁—艳，穿。

形的条件： 山池之间，岩石上古树古藤阴郁。

形的设计： 沿长池山麓之间做更长的长廊，树藤覆盖，长廊穿过树藤。

优点： ○ 得到山林势的严厚、沉郁、古野。

○ 得到水势的明艳[4]，多势并置。

○ 长廊具备穿的势，这些势之间能够相互反衬而彰显。

评

○ 凿池紧紧挤靠山坡，不留平缓地带，山池相依而有势。

○ 切去少量坡脚，将郁盘廊挤入山体和古野树林中，廊被山石、古树、古藤相拥，形成山廊气质。

○ 山廊的池对面，是土岸平地，茂竹修廊。[5]

专题八 | 寄畅园的长池

从明代园记、园的历史和现今的实况看，寄畅园园中建筑景观变迁很大，但是水池比较稳定。明代水池形状非常长，长池沿用至今。

寄畅园的营造条件是用地的东边界距离山脚特别近，造园首先选择了从这个近边进入园林，“开门见山”成为必然。在这样的形势下，园的规划采取了与众不同的处理，将园池设在山与进门之间不大的距离中，开门遇水而见山。这样的决策不具备借悠长曲折入园路来衬托池区幽深的可能性，但是带出了新的机会。营造的应对独特，别开生面。

1. 凿池紧紧挤靠山脚，山池间不留平缓地带。山与池紧迫相接，更为有势，可说是反不利为胜。

2. 规划大池十亩，与大山相称。大池在狭长地带必然为长池，长池沿山麓，彰显了与山相接的岸线之长。水面长宽反差大，一个方向有“长远”势，另一个方向有“近接”势。与团形水池相比，一池而获得两势，再次反不利为胜。

3. 切去山脚一小条坡地，将郁盘廊“挤进”山体古林野藤中，郁盘长廊形成了“山廊”气质。山廊与竹中修廊形成反差，既有成对的意味，又有不同位置鲜明的个性。

4. 山廊与竹廊沿着池的长边行走，两廊都具有很“长”的势。同时，两廊隔着池的短边相对，形成夹水而对的势，不同的廊将山水相对的形势进一步刻画出来。

5. 在长池端头设立知鱼槛观赏点，获得了格外深远的水景。深远水景应该是寄畅园之“畅”的一个重要来由，现今寄畅园的长池仍是园中最具景观价值的形态之一。

6. 长池的双向反差大。造境就具备了分“向”反差设计的优越条件：用长边做“深远”势，用短边做“近对”势。

过去我们理解到，平冈小坂的叠山手法使水岸呈现山水自然自由咬合的趣味，这是明代直边方池消失的原因。

现在我们不禁猜想，明代后期方池的消失，长形池的出现可能也是一个有力的冲击因素。一旦长形池的优点显现出来，就会突破团形池的一统天下，显出新的造境可能性。而方池，可说是团形池之下的一种典型模式。

寄畅园在明末清初由秦家后裔请张南垣之侄张鉽进行了较大的修建改进，后世可能也有小的修改。从现今的情况看，最具价值的手法都围绕长池展开。

其一，强化山池交接边的势态。将长池西面的山坡改成严整厚实巨大的叠石高坡高台，池与山石“短兵相接”，不加任何建筑。石台局部下切设山涧，水入山中。石台坡上种高树，假山与真山接。从几十年之前的图片看，山侧景象硬朗而高耸，很大气。长池沿山的这个交接带大尺度横向展开，入门不远即见山林气势扑来。

其二，对长池形状进行修饰。在长池的腰

间设了一处“轻接”，两岸相向伸出，一株斜树松散的枝叶在高处跨越水面，向对岸试探，两岸欲接非接。这一处轻接既表现了池短边之接近，又增加了池长向的层次，池岸的婉转自由更加动人。

其三，长池原来的端头知鱼槛一带做了一条斜向石桥，长池的端部水面也做了斜向分叉的调整。原来知鱼槛是长池端头最佳观景点，现在改成分叉的两个观景点，两叉的观赏视线都偏离了长池的长轴而变成斜向，其中斜桥所指的观赏点，水面视线指向约450米外的锡山塔。视线深度大大加深，而近前斜向观景水面的纵深也达到35米左右。今天，寄畅园远借锡山塔景，早已成为教科书级别的园林借景案例，而这条长而斜的奇怪石桥，今天我才理解了它的用意：就是要将指向锡山塔的偏轴观景视线强调出来。斜桥的指引非常有效，从近处小环境看，斜桥与池的关系奇异，似乎是恣意妄为。它在长池端头另生枝节，园境因此别致有趣。在锡山塔景呈现之前，斜桥跨水既引人喜爱又让人迷惑。乾隆颐和园的谐趣园仿建寄畅园，斜桥成为辨识度最高的手法，斜桥设石坊，提额“知鱼桥”。鱼之灵活自在，似乎也可知。

最初的长池应该是诱发了端头对景的追

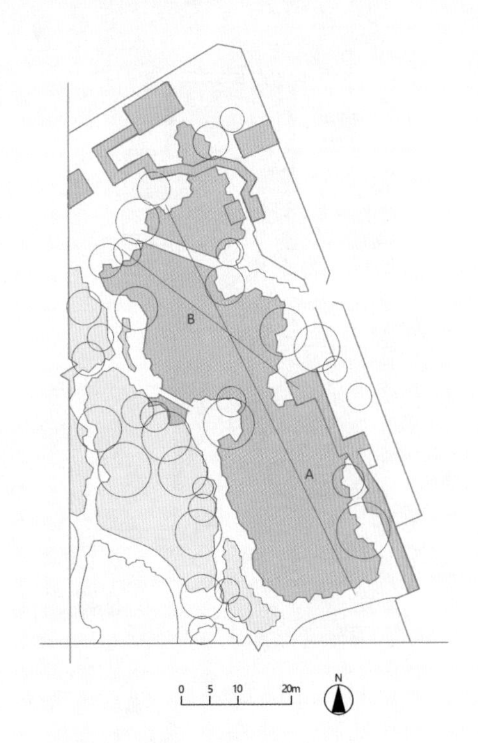

寄畅园局部视线分析图（A75米，B35米 ）

求。寄畅园新颖格局带来的独特优越园境，得到清代康熙乾隆的持续赞赏，影响广泛。最明确的影响当然是颐和园谐趣园的仿建，而颐和园后湖这种紧靠山边长形水景的创造，或许也有寄畅园山边长池启发。

寄畅园长池长度达到75米左右，从端头长向望，悠远之势显著。明代园林中，水面以团形为主，这样长的水面视野，在明代私家园林里应该是非常少见的。寄畅园长池的长短比例大于3：1，接近4：1，在当时看是很夸张的池形，也许有点离经叛道。但池山的关系合理有机，让人感觉很自然。

我们用清代几座苏州园林的平面来比较一下。艺圃仍沿用明代艺圃的山水骨架，池是略方的较大的团形池，其主要水面视线长度没有超过30米，池南北山林和建筑相对。网师园是较小的园林，也是略方的团形水面，水面视线基本是18至22米。东西两边相对建廊亭成为主要景观，南北两面相对建堂轩等大建筑，成为次要景观。大园林留园也采用了略方的团形水面，可见团形水面还是最常见的。

独具一格的出色设计被留园用于处理略方的团形水池格局，它那著名的精巧多变的入园路，连接在方池的东南角一点。一进园向西北

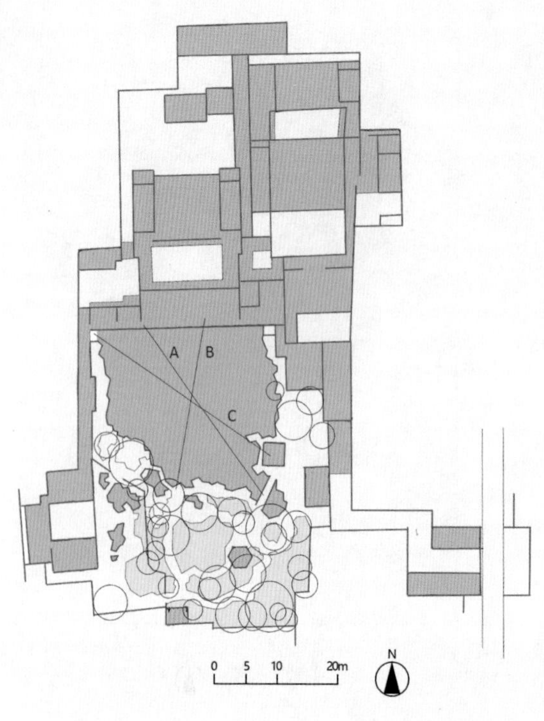

艺圃园局部视线分析图（A25米、B20米、C23米）

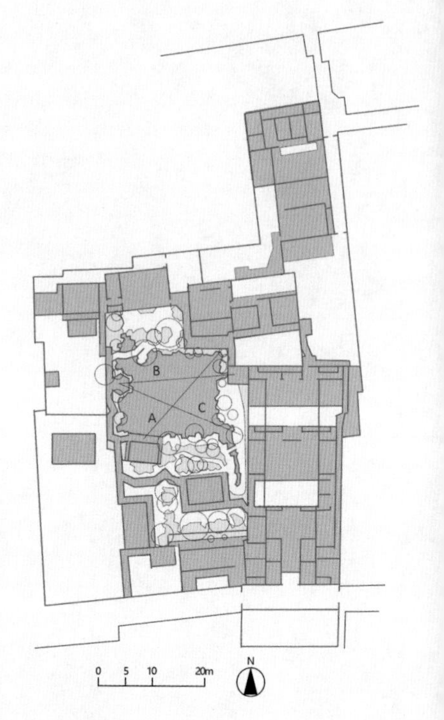

网师园局部视线分析图（A23米、B20米、C23米

看，就是一个纵深达到45米的水面对角线。入园路细小狭长，在极小尺度中不断转折，为这个45米的又深又宽的对角景象做了极好的陪衬。留园这一区的方池方园，由这条对角线主导，继续发展它的奇特格局。将池的南面东面，连续建成建筑密集边，入口连接的小点在建筑边的中间，将池的西面北面连续做山林，两段岸边做成一片完整的高台山林，位于入口最远的池的对岸。山林面与入口对角相对，但不是平直相对，入口隔着方池的对角线望向曲尺形的山林，既非常深远又十分开阔。高台上种植的树木特别高大挺拔，更有山林的高耸之势，这一眼令人难以忘怀。留园的方园方池区，建筑边与山林边隔水相对，不是一般的平直相对，而是以直角退进的曲尺形相对，这真是方形池的一首绝唱。

清代，至少在拙政园，水面主动放弃了团形，而采用了长条水面。拙政园看起来是大水面在外，中间设岛屿山林，实际可以看成完全由多条长形水面纵横交织而成，类似水网。拙政园这个大园，水面宽度没有一处超过小园网师园的20米水面宽度，没有汪洋大池的景象。但它却有两条超过110米长的水面视野，还有两条超过75米的水面视野，那些40至50米深

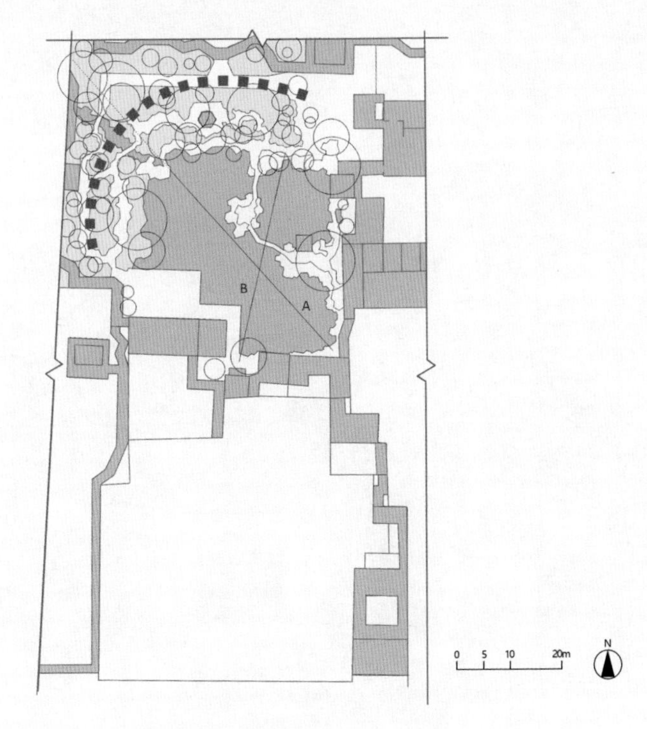

留园局部视线分析图（A45 米、B35 米）

长的水面视野，在别的园林已经很了不起，而在拙政园只是陪衬。在拥挤的苏州城内，这样尺度的放眼令人畅快不已，水面长得惊人，宽度却很窄，长宽比有的超过10：1，几乎是河流。多条长水面结成网，造境的机会变得更加丰富。水网的端部、角部布置了尺度很小的优美小建筑作为林下水边的点睛建筑，如梧竹幽居、绿漪亭等。还有多处轻接轻断的装饰，也有枝杈状小水境与大水面相通的小飞虹。

拙政园在明代就是一座大园，文徵明有《王氏拙政园记》存世。文中所记，野趣极致，虽有一些建筑，但少见格局控制的营造。水陆交织的情况扑朔迷离，很可能整体保留了自然原状水网而稍加梳理点缀而成。园主王献臣身故以后，其子赌博一夜将园输给徐氏，园林后来又经历了种种分合盛衰的变迁。今天的拙政园唯有“拙政园”“小飞虹”两个名称沿用，格局与文徵明园记基本没有相似之处。但是，文徵明园记中描写一处：“径竹而西，出于水澨，有石可坐，可俯而濯，曰‘志清处’。至是，水折而北，滉漾渺㳽。”

明代拙政园长条形水面再加上转折，这也许是自然水系纵横的原来样貌。明代“志清处”与今园中“荷风四面”亭所在小岛的西南角形

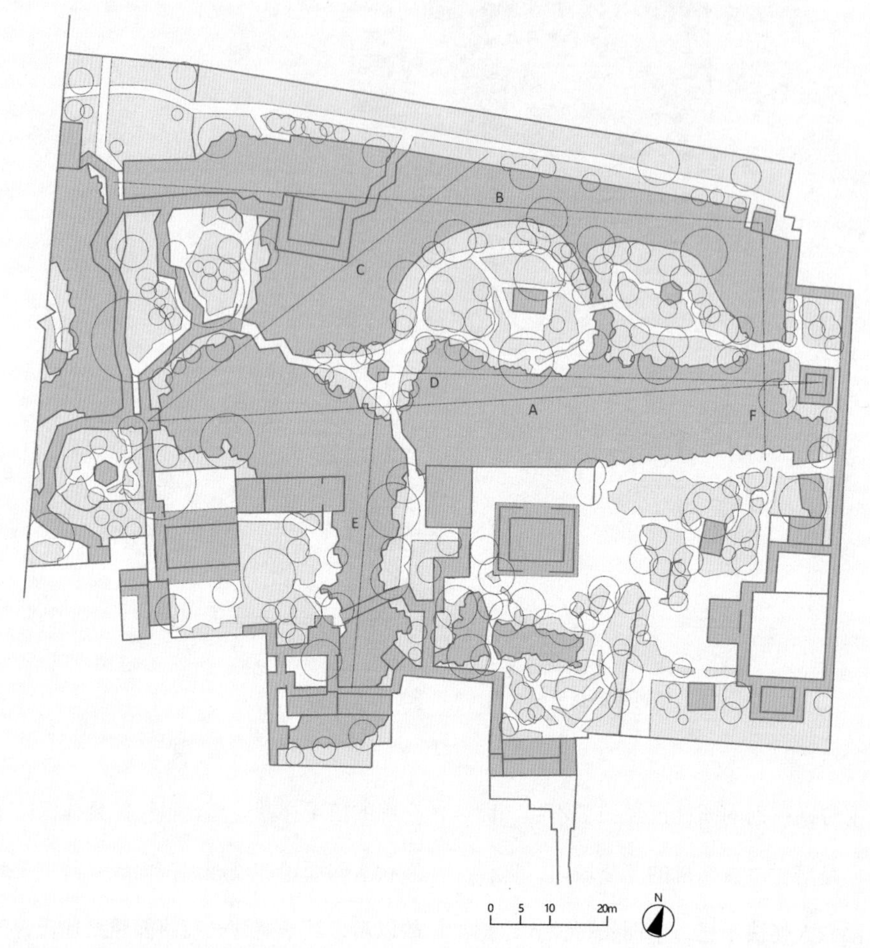

拙政园局部视线分析图（A110 米、B110 米、C75 米、D75 米、E50 米、F40 米）

态颇像，也许这种长池加上转折的水面结构一直存在于园址中，先由明代有所依凭，后被清代拙政园再加发挥？

拙政园和留园对园境水面的深刻理解和大胆创作，成就了两园在苏州园林中的王者地位。

本篇插图根据以下两书插图重绘：

艺圃：刘敦桢 . 苏州古典园林 [M]. 北京：中国建筑工业出版社，1979

寄畅园、拙政园、网师园：周维权 . 中国古典园林史（第二版）[M]. 北京：清华大学出版社，1999

主要参考文献

1. 明・王俊华纂修：《京城图志》[洪武年间]

2. 明・贝琼：《清江文集・卷二十五・翠屏轩记》[四库全书本]

3. 明・陈威、喻时修、顾清纂：《松江府志》[明正德七年刻本]

4. 明・聂豹修，沈锡纂：《华亭县志》[明正德十六年刻本]

5. 明・文徵明：《甫田集・卷十九・玉女潭山居记》[四库全书本]

6. 明・王世贞：《弇州山人四部稿续稿・卷五十九・弇山园记》[四库全书本]

7. 明・王世贞：《弇州山人四部稿续稿・卷六十・离賁园记》[四库全书本]

8. 明・王世贞：《弇州山人四部稿续稿・卷六十二・小昆山读书处记》[四库全书本]

9. 明・王世贞：《弇州山人四部稿续稿・卷六十三・灵洞山房记》[四库全书本]

10. 明・王世贞：《弇州山人四部稿续稿・卷七十四・先伯父静庵公山园记》[四库全书本]

11. 明・王世懋：《王奉常集・卷十一・游溧阳彭氏园记》[四库全书存目丛书本]

12. 明・吴瑞谷：《吴瑞谷集・卷二十四・遵晦园记》[四库全书存目丛书本]

13. 明・汪道昆：《太函集・卷七十四・季园记》

14. 明・王昂重编：《吉安府志》[明嘉靖间]

15. 明・管景攀修：《永丰县志》[明嘉靖二十三年]

16. 明・张铎修，浦南金纂：《湖州府志》[明嘉靖二十一年]

17. 明・朱察卿：《朱邦宪集・卷六・露香园记》[四库全书存目丛书本]

18. 明・宋仪望：《华阳馆文集・卷五・北园记》[四库全书存目丛书本]

19. 明・徐学谟：《徐氏海隅集・卷十・归有园记》[四库全书存目丛书本]

20. 明・潘允端：《同治上海县志・卷二十八・豫园记》

21. 明・陈继儒：《晚香堂集・卷四・许秘书园记》[四库禁毁书丛刊本]

22. 明・许令典：《海宁州志稿・卷八・建制志十二・名迹・两垞记略》

23. 明·邹维琏：《达观楼集·卷十六·李郡臣大莫园记》[四库全书存目丛书本]

24. 明·汤宾尹：《乾隆镇江府志·卷四十六·逸圃记》

25. 明·李维桢：《大泌山房集·卷五十七·毗山别业记》

26. 明·萧士玮：《春浮园集·春浮园记》[四库禁毁书丛刊本]

27. 明·冯梦祯：《快雪堂集·卷二十八·结庐孤山记》[四库全书存目丛书本]

28. 明·王心一：《兰雪堂集·卷四·归田园居记》[四库禁毁书丛刊本]

29. 明·方岳贡修，陈继儒等纂：《松江府志》[明崇祯三年刻本]

30. 明·牛若麟修，王焕如纂：《吴县志》[明崇祯十五年刻本]

31. 明·孙承泽：《天府广记·卷三十七》之《月河梵苑记》（程敏政）[续修四库全书本]

32. 明·赵昕修，苏渊纂：《嘉定县志》[清康熙十二年]

33. 清·徐一经纂修：《溧阳县志》[康熙六年刻本]

34. 清·许三礼修，朱嘉增纂，黄承琏续纂修：《海宁县志》[康熙二十二年]

35. 清·汤斌修，孙珮纂：《吴县志》[康熙三十年刻本]

36. 清·廖腾煃修，汪晋徵纂：《休宁县志》[康熙三十二年]

37. 清·于琨修，陈玉璂纂：《常州府志》[康熙三十四年]

38. 清·李先荣修，徐喈凤纂：《重修宜兴县志》[乾隆二年]

39. 清·吴学濂纂修：《溧阳县志》[乾隆八年刻本]

40. 清·雅尔哈善等修，习寯等纂：《苏州府志》[乾隆十三年刻本]

41. 清·冉棠修，沈澜纂：《泰和县志》[乾隆十八年]

42. 清·李堂纂修：《湖州府志》[乾隆二十三年]

43. 清·卢崧修，朱承煦、林有席纂：《吉安府志》[乾隆四十一年]

44. 清·佚名纂修：《无锡县志》[乾隆四十六年]

45. 清·冯鼎亮、李廷敬修，王显曾等纂：《华亭县志》[乾隆五十六年刻本]

46. 清·朱琦：《吴县志·卷三十九中·可园记》

47. 清·吴凤翔修，李舜明纂：《恩施县志》[嘉庆十三年]

48. 清・何应松修，方崇鼎纂：《休宁县志》[道光三年]

49. 清・宋如林等修，石韫玉纂：《苏州府志》[道光四年刻本]

50. 清・杨讱纂修：《泰和县志》[道光六年]

51. 清・阮升基修，甯楷纂：《重修宜兴县志》[光绪八年刻本]

52. 清・万青黎修，张之洞、缪荃孙纂：《顺天府志》[光绪十至十二年]

53. 清・李景峄修，陈鸿寿纂：《溧阳县志》[光绪二十二年刻本]

54. 中华民国・冯择贤纂修：《无锡县志》[民国十一年]

55.《海宁州志稿・卷八・建制志十二・名迹・自记淳朴园状》[《中国地方志集成》]

56. 刘敦桢：《苏州古典园林》，北京：中国建筑工业出版社，1979 年

57. 童雋：《江南园林志》，北京：中国工业出版社，1984 年

58. 刘敦桢：《中国古代园林史》，北京：中国建筑工业出版社，1984 年

59. 彭一刚：《中国古典园林分析》，北京：中国建筑工业出版社，1986 年

60. 余树勋：《园林美与园林艺术》，北京：科学出版社，1987 年

61. 张家骥：《中国造园论》，山西：山西人民出版社，1991 年

62. 钟惺：《隐秀轩集》之《梅花墅记》，上海：上海古籍出版社，1992 年

63. 宗白华：《中国园林艺术概念》，北京：北京大学出版社，1998 年

64. 谢孝思：《苏州园林品赏录》，上海：上海文艺出版社，1998 年

65. 童雋：《造园史纲》，北京：中国建筑工业出版社，1999 年

66. 罗哲文、陈从周：《苏州古典园林》，苏州：古吴轩出版社，1999 年

67. 苏州园林局：《苏州园林》，北京：中国建筑工业出版社，1999 年

68. 陈从周主编：《中国园林鉴赏辞典》，上海：华东师范大学出版社，2000 年

69. 潘谷西主编：《中国古代建筑史・第四卷・元明建筑》，北京：中国建筑工业出版社，2001 年

70. 樊树志：《晚明史》，上海：复旦大学出版社，2003 年

71. 陈从周、蒋启霆选编：《园综》，上海：同济大学出版社，2004 年

72. 赵厚均、杨鉴生编注：《中国历代园林图文精选（第三辑）》，上海：同济大学出版社，2005 年

73. 李允鉌：《华夏意匠》，天津：天津大学出版社，2005 年

74. 周维权：《园林・风景・建筑》，天津：百花文艺出版社，2005 年

75. 金学智：《中国园林美学》，北京：中国建筑工业出版社，2005 年

76. 陈从周：《说园》，上海：同济大学出版社，2007 年

77. 周维权：《中国古典园林史》，北京：清华大学出版社，2008 年

78. 俞士玲：《陆机陆云年谱》，北京：人民文学出版社，2009 年

79. 陈从周、蒋启霆选编，赵厚均校订注释：《园综》之《寄畅园记》（王穉登）和《影园自记》（郑元勋），上海：同济大学出版社，2011 年

80. 史氏千秋编纂委员会编：《史氏千秋》，上海：上海书店出版社，2013 年

81. 李菁：晚明文人陈继儒研究 [D]. 上海师范大学，2006 年

82. 姜斐斐：文徵明的山水世界 [D]. 复旦大学，2010 年

83. 李久太：明代园记中的空间印象分析 [D]. 清华大学，2011 年

84. 王笑竹：明代江南名园王世贞弇山园研究 [D]. 清华大学，2014 年

85. 夏文谦：明代园林中的水境研究 [D]. 清华大学，2015 年

86. 李牧歌：园记中“境的转换”研究 [D]. 清华大学，2015 年

87. 周颖：王世贞年谱长编 [D]. 上海交通大学，2017 年

88. 梁洁：晚明江南山地园林研究 [D]. 东南大学，2018 年

89. 顾延培：上海露香园顾绣艺术的兴衰 [J]. 档案春秋，2005（09）: 36—38

90. 郑志良：晚明著名串客彭天锡考 [J]. 曲学，2013 年，1（00）: 237—248

91. 毛祎月：从王心一归田园居看晚明江南宅园理水的变迁 [J]. 中国园林，2015 年，31（03）: 120—124

92. 黄晓、刘珊珊：寄畅园的始建年代、沿革分期与重要议题 [J]. 风景园林，2018 年，25（11）: 17—22.DOI: 10.14085/j.fjyl.2018.11.0017.06

93. 舒行瑾、刘佳妮：由园林文献看“归田园居”与“弇山园”造园艺术之异同 [J]. 美与时（上），2018（08）:7072. DOI:10.16129/j.cnki.mysds.2018.08.024

94. 杜娟：董其昌与太仓琅琊王氏交游考 [J]. 中国国家博物馆馆刊，2020（01）: 81—94

后记

2009年，我和刘德麟教授，还有我的博士、硕士研究生开始了对明代园记材料的研究，并开始探索各种分析、拓展和表述方法。在研究过程中，自然建筑学的方向以及“形一势分析”的方法逐步明确起来。李久太、王笑竹、夏文谦、李牧歌以明代园境的不同研究内容完成了各自的学位论文，张冰洁参与了研究的早期讨论。局部成果在我的研究生课程《建筑艺术专题》上试讲。

2016年，对明代园境研究的内容选材、整体架构、分析方法、表现方式渐趋明确，开始系统性地挖掘。我尝试借助 MOOC 在线视频课程的形式进行明代园境课程建设。2018年起，三季网课《明·园境赏析》已在《学堂在线》上陆续播出。全部园境内容及分析由我完成。大量细致的视频课程辅助工作由文汉强、尚维、卢清新、赵颖卓完成。

第一季课程完成最早，本书对内容又有不少修改补充。赵颖卓、余知衡对本书的版式设计和排版做了大量工作，梁曼辰制作了分析小图。参与这项研究工作的同学非常专注地沉浸其中，也都得到了不同程度的陶冶、锻炼和收获。感谢我的学生们!

在研究过程中，我们参考了许多古籍、前人的研究专著以及当代的专业研究专著、论文与期刊等文献资料，限于篇幅，这些资料在主要参考文献中未能一一列出，在此对众多园林领域的研究者表示诚挚的谢意。

清华大学建筑学院师生间的学术氛围为深入探究学问提供了良好环境，建筑学院支持了本书的出版，在此深表感谢。同时，非常感谢微言出版团队和出版人周青丰先生对本书的大力帮助。

图书在版编目（CIP）数据

园境：明代五十佳境 / 王丽方著 . — 上海：上海三联书店，2023.5

ISBN 978-7-5426-7761-7

I. ①园… II. ①王… III. ①古典园林 – 园林艺术 – 文化研究 – 中国 – 明代 IV . ① TU986.62

中国版本图书馆 CIP 数据核字（2022）第124768号

园境：明代五十佳境

著　　者 / 王丽方

责任编辑 / 朱静蔚

特约编辑 / 李志卿　齐英豪

装帧设计 / 微言视觉 | 沈君凤　乔　东

监　　制 / 姚　军

责任校对 / 齐英豪

出版发行 / 上海三联书店

（200030）中国上海市徐汇区漕溪北路331号中金国际广场 A 座6楼

邮购电话 / 021-22895540

印　　刷 / 天津久佳雅创印刷有限公司

版　　次 / 2023年5月第1版

印　　次 / 2023年5月第1次印刷

开　　本 / 710×1000　1/16

字　　数 / 231千字

印　　张 / 20.25

书　　号 / ISBN　978-7-5426-7761-7 / TU・51

定　　价 / 99.00 元

敬启读者，如发现本书有印装质量问题，请与印刷厂联系18001387168。